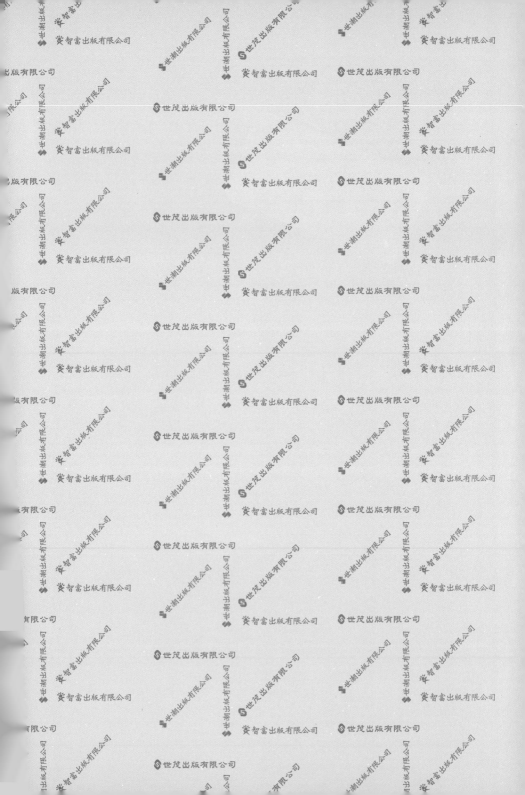

愛犬精選

臘腸狗
教養小百科

Dachshund

監修●渥美雅子　攝影●中島真理

審訂●朱建光　翻譯●高淑珍

序

我在 1961 年冬接觸了臘腸狗。當時還是標準型短毛種臘腸狗的全盛時期，不僅長毛種或剛毛種的類型很少見，連迷你型的剛毛種或短毛種也罕見於犬展中。在毛色方面大多是褐色、黃褐色或紅褐色，感覺上比較不會令人眼花撩亂。

到了現在，不論是狗狗的體型、毛海種類或者是毛色都趨於多樣性；單以臘腸狗來看，不同的體型或毛質、毛色，多少呈現出不一樣的氣質與味道。所以，在這麼多選擇性的今天，飼主一定要很確定自己養狗的喜惡及目的，狗狗才會對主人投以完全的信賴與感情。

短短的四肢、絕佳的運動能力、感性清晰的頭腦、纖細的情感、偶爾綻放的野性等等特質，都是臘腸狗風靡人類近四十年的因素。不光是我，許許多多的臘腸狗飼主也不會「移情別戀」於別的狗兒，使牠常保穩定的人氣指數。臘腸狗堪稱是一種令人百看不厭，擁有深不可測之魅力的狗兒呢！

希望經由本書可幫助讀者更加認識臘腸狗豐富的本質，讓牠成爲您最佳的狗伴侶，給您更多的愛意與魅力。

渥美雅子

臘腸狗 教養小百科

CONTENTS

和臘腸狗更愉快地相處

教養的方法

照顧狗狗的方法

愛犬的生產

狗狗的疾病

之一

我們是非常非常有名的狗狗
長長的身體　短短的四肢
又黑又亮的眼睛
抬頭挺胸　優雅的步伐
都是比其他狗狗倍受寵愛的獨特魅力
希望我們也能像親愛的媽媽一樣
長出柔柔亮亮的長毛
變成人見人愛的小帥哥
噓——這是秘密喔！

親子頌

親子頌・之二

我們是非常非常好奇的狗狗
不管看到甚麼事物　都覺得好有趣
不管在甚麼地方　都可以盡情嬉戲
遼闊的草原　隨風起舞的小花
都是我們的好朋友
我們在陽光下飛奔
一起在大自然中舞動身體
希望我們也能像親愛的媽媽一樣
變成挖洞高手
即使玩成小泥狗也不在乎
喂——大家一起來！

親子頌・之三

我們是非常非常勇敢的狗狗
隨時隨地　勇氣十足　毫不畏懼
不論是
馳騁於草原上的動物
飛翔於巨木間的鳥類
我們都絲毫不敢鬆懈
天生獵犬的熱血　在身體裡面不斷翻騰
希望我們也能像親愛的媽媽一樣
擁有靈敏度絕佳的鼻子
變成百發百中的狩獵高手
呦——加油加油！

親子頌・之四

我們是非常非常棒的狗狗
擁有一顆柔順的心　和堅強的意志
我們相信　只要努力就會達成目標
親愛的媽媽　在我的耳畔溫言軟語
我們是世界上最幸福的狗狗
YA！

DACHSHUND

瞭解臘腸狗

臘腸狗的魅力

臘腸狗腳短體長的獨特體態，宛如天生的喜劇演員，散發令人難以抗拒的魅力。牠們美麗的皮毛或毛色深具變化，加上個性服從又溫馴，在在抓住飼主們的心。

溫和善良的模樣是最大的吸引力

長長的身體、短而有力的四肢加上聰穎機靈的模樣——一提及臘腸狗，任誰都會在腦海中勾勒出這副影像吧！

臘腸狗最大的魅力所在即其獨特的體型，彷彿是爲了獵獾時便於鑽入狹洞一般，爲德國人經過長年累月苦心培育的傑作，更是優秀獵犬的見證。

臘腸狗最早是作爲獵犬之用，所以體型十分粗壯，跑起來一點都不像腳短體長的樣子。或許是體型特殊的緣故，臘腸狗的動作總讓人覺得有點滑稽，流露出些許的趣味感。

像這種其他狗狗所欠缺的豐富生命力，正是臘腸狗擄獲

腳短體長的趣味體態，正是臘腸狗最具特色的魅力。

温馴開朗的性格是臘腸狗人見人愛的理由。

人心的主因。

不管是毛質或毛色都十分豐富

臘腸狗依照體型可區分爲標準型和迷你型兩種；每一種依毛質又可分爲短毛、長毛和剛毛三種，共計有六種。而這豐富多變的外型，正是臘腸狗迷人的秘密。

在毛色方面以紅色、黑&黃褐色、雙色（斑塊）爲主，這深具變化的毛色，相信也是臘腸狗歷久不衰的魅力所在。

聰穎活潑的好伴侶

臘腸狗生性聰穎、平易近人、喜歡遊樂。和個性大膽的標準型比較起來，迷你型臘腸狗的性格較爲溫馴，更適合一般人飼養呢！

本性活潑、愛玩的臘腸狗很適合當作人類的玩伴；在另一方面，牠也具有絕佳的警戒心，更可充當看門犬。

聰明的臘腸狗只要和人類一起生活久了，就能夠理解主人的話語，堪稱是人們生活中的好伴侶呢！

臘腸狗的歷史

趣味的體態、勇敢的精神，都為臘腸狗的獵犬本色加分不少。臘腸狗可說是凡事要求完美的德國人歷經數百年努力，不斷改良才完成的獵獾犬呢！

歷史悠久的獵獾犬

臘腸狗的起源地爲德國。其英文名稱 Dachshund 中的 Dachs 德語爲獾之意，而 hund 爲犬之意，所以合起來的意思爲獵獾專用的獵犬。

自古以來，臘腸狗即深受德國或法國養狗人士的寵愛。從衆多分支的別種可以得知，牠的演變歷史十分悠久，也一直是被視爲優秀的獵犬。即使到了今日，牠在德國仍是以優異的狩獵能力深獲重視。

發源地為埃及？

短腳狗似乎從遙遠的古代就有了，我們從古埃及法老王雕像等歷史遺蹟，即可發現與長腳狗並列，型似臘腸狗的狗狗呢！

西曆

●西元前二千年左右

由於古埃及王朝的紀念碑中，也出現了型似臘腸狗之短腳長身的狗狗，不禁讓人懷疑牠的發源地是否就是埃及？

雖然我們並不清楚臘腸狗的真正起源，但至少確定了早在很久以前，就有一種短腳長身型的狗狗存在。

日本

臘腸狗為德國專門用來獵捕獾的獵犬。

這隻深受法老王喜愛的獵犬被稱爲「迪卡爾」；我們不知牠是否正是今日臘腸狗的源頭，但很多人都認爲牠多少和臘腸狗有所關聯。

直系祖先為德國獵犬

專家認爲臘腸狗如同法國的短腳獵犬——巴吉度獵犬一樣，都源自活躍於瑞士侏儸山的侏儸獵犬。

後來這些狗兒被帶到德國時，和德國或奧地利山岳地帶的中型獵犬（德國獵犬），或者是法國迷你獵犬交配。

經由這些過程生下的狗狗，據說就是今日短毛種的祖先。

雖然氣質近似迷你型獵犬，但在當時的體型可比現在大多了。

過了不久，這種迷你型獵犬就以體型上的優勢，加上靈敏的嗅覺，成爲人們獵捕兔子或獾的重要夥伴。

相傳流著古代犬種之血緣的狗狗，和棲息於歐洲中部的中型獵犬雜交後，就生下了臘腸狗的祖先。

依此血脈傳承的狗狗屬於短毛種，重約十～二十公斤，和今日的臘腸狗比較起來，體型可是大多了呢！

被改良為更適合獵獾用的超人氣迷你型臘腸狗。

改良體型加強狩獵能力

在中世紀左右，獵人或地方上的領主飼養臘腸狗，作爲群出狩獵之用。

到了十二～十三世紀，人們選出具有優良狩獵能力及體型的臘腸狗，不斷加以改良，加強牠的行動力，以便鑽入狹窄的洞穴中追捕獵物。

結果體型更爲迷你，擁有容易鑽入洞穴之長口鼻或楔形頭，大垂耳、長身子、四肢短而有力的臘腸狗就誕生了。

體型或毛質都深具變化

據說長毛臘腸狗爲十五世紀左右，和一種產自西班牙，長毛垂耳之獵鷸犬交配下的產物。而剛毛臘腸狗則受到德國的迷你型獵犬或剛毛獵犬的影響。這樣看起來，似乎擁有這種體型與毛質的臘腸狗早就出現了，其實牠一直到十八世紀末左右，才被人眞正地改良完成。

至於迷你型的臘腸狗歷史比較短，大約是十九世紀才嘗

臘腸狗的歷史

1100年　1200年　1400年

●十二～十三世紀左右

起源於德國，用以獵捕獾或野兔。後來為了便於追捕這些穴居動物，人們花了數世紀的時間，把牠改良成擅長挖掘地面進入巢穴，腳短身長的迷你型獵犬。

●十五世紀左右

據說短毛犬和水邊的獵鷸犬相交配，生下了長毛犬種；但真正的情形並不清楚。

●十八世紀末

在一七九〇年代出現了剛毛種。

江戶時代

試改良出的狗狗。牠專門用來獵捕破壞農地的野兔。其祖先可能是一種迷你型獵犬，專門獵殺迷你型的有害動物。

而臘腸狗的犬種名稱，首度出現於一七一九年發行的《終極獵犬》一書中。

一八七九年，人們制定了短毛及長毛臘腸狗的犬種標準；一八九〇年加入了剛毛臘腸狗的標準。

日本和美國的臘腸狗

美國於十九世紀後半引入臘腸狗，但到了一九三五年，才獲得AKC的認可。

日本則於明治時代輸入，但直到二次大戰之後，才受到矚目。一九五五年日本的臘腸狗俱樂部正式成立，使牠進入倍受歡迎的人氣犬種之列。

數年來迷你型臘腸狗的人氣指數直線上升。

1800年

●十九世紀

從一八〇〇年代以後，就出現了迷你型臘腸狗。

隨著人們對純血統犬種的關注，到了十九世紀中葉，臘腸狗的犬種名稱終於獲得正名。

一八八八年，世界第一個臘腸狗單一犬種團體——柏林獵犬俱樂部成立。

一八九〇年，制定了德國有九種，其他國家有六種的公認犬種標準。

明治時代

1900年

●二十世紀

長期以來，一直未將臘腸狗認定為公認犬種的美國，也終於在一九三五年加以認定，使臘腸狗常保人氣狗狗的寶座。

在日本約從一九三〇年代左右，正式引入臘腸狗。牠獨特的個性與體態，一直深受人們的喜愛。

大正時代

目前的人氣指數

近年來臘腸狗在日本受歡迎的程度大幅躍進，目前甚至高居登錄隻數的榜首。其中長毛的迷你型臘腸狗功不可沒，牠不輸玩具狗狗的可愛魅力，正是其超級人氣的秘密喔！

人氣犬種排行榜前 10 名

名次	犬　種	登錄頭數
1	獵腸狗	122,589
2	吉娃娃	40,002
3	西施犬	30,632
4	威爾斯柯基犬	30,016
5	拉布拉多獵犬	25,469
6	約克夏㹴	24,263
7	黃金獵犬	18,193
8	蝴蝶犬	18,016
9	博美犬	16,416
10	米格魯獵兔犬	15,085

摘自 JKC 年度登錄隻數（2001 年 1 月～12 月）

位居前10名的常勝軍

長期以來，臘腸狗一直是深受人們喜歡的犬種，擁有廣大的支持群衆，更成爲人們的話題。

事實上，根據JKC所公佈的年度登錄隻數顯示，在九〇年的登錄總數爲九七三一隻，位居人氣犬種的第九名；到了九三年，增爲一萬四二八八隻，躍居第八名。

接下來的每一年，臘腸狗的登錄隻數都呈穩定成長；九八年之後，一躍成爲人氣犬種的第一名。到了二〇〇一年，登錄隻數已經超過十二萬，受歡迎的程度著實讓人瞠目結舌。

迷你型臘腸狗最受歡迎

聰穎活潑的性格使臘腸狗的人氣扶搖直上。

在前面所說的年度登錄隻數中，幾乎都是迷你型臘腸狗的天下。

其中又以皮毛亮麗的長毛種最受歡迎。這種狗源自美國的冠軍犬，加上其祖先帶有獵鳥犬的血統，個性十分沉穩。

COLUMN

也有人稱牠是犬界的卓別林……

狗狗出現在電影中的機會頗多，為何不見以臘腸狗為主角的電影呢？牠那有趣的獨特風格，不正是最佳的演員特質嗎？

在美國電影導演伍迪・艾倫所執導的「曼哈頓」一片中，黛安・基頓飾演的新聞記者之愛犬正是標準型長毛臘腸狗。在月光下，流洩著美國作曲家喬治・蓋許溫優美曲子的大橋，更添幾許浪漫的情愫。

以浪漫的場景搭配稍帶痴憨的臘腸狗之組合，似乎是伍迪・艾倫幽默的傑作；不過，近年來人氣扶搖直上的迷你型臘腸狗，更是鎂光燈的焦點。或許在不久的將來，會有一部以臘腸狗為主角的電影呢！

不同犬種各具魅力

在七〇年代的美國，個性溫和、不具有獵犬性質的長毛型犬種深受喜愛；但到了現代，迷你型犬種的人氣居高不下。不光是日本，在美國、德國或英國也持續爲人接受中。

而豪氣大方的標準型臘腸狗，目前的登錄隻數雖然較少，但仍然擁有不少熱心的支持者。

適合臘腸狗的飼主

臘腸狗似乎與生具有活潑、歡樂的特質，常讓飼主感受到一股愉快的氣氛。不過，肯花時間親近牠或帶牠運動才是合格飼主的第一要件。生性調皮的臘腸狗更需要主人好好教養喔！

喜歡逗趣模樣的人

據說只要養過臘腸狗的人，一輩子都會深爲這種狗狗著迷。在與牠一起生活的期間，牠那有趣的模樣、有點滑稽的動作，都令人愛不釋手呢！

臘腸狗容易和主人打成一片，加上個性活潑好動，往往會有許多討喜的行爲讓飼主驚訝不已。

也會調皮搗蛋的臘腸狗需要好好調教。

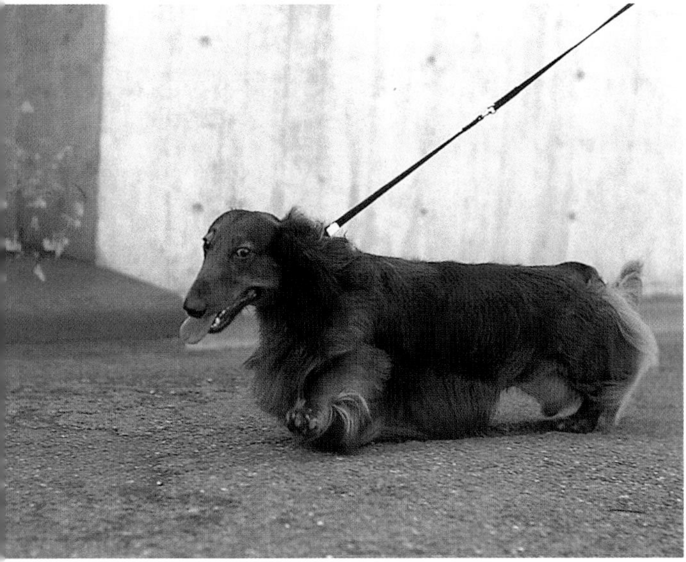

每天出外散步兼運動，可預防狗狗肥胖。

可以好好調教牠的人

不管是甚麼狗狗都需要良好的教養。由於臘腸狗原來是以狩獵犬爲考量的狗狗，有時在行爲上難免讓人覺得莽撞一些。

而且，臘腸狗生性調皮，不見得因爲個頭小就適合小孩子飼養，或者不會誤咬小朋友。牠的叫聲出奇響亮，飼主千萬要注意不要讓牠亂吠。

所以，在臘腸狗還小的時候，飼主就該以正確的態度管教；如果牠做出一些讓人傷腦筋的行爲，當然要嚴厲斥責。

可以帶牠運動的人

臘腸狗屬於十分頑強的狗狗，亦如小型的賞玩犬一樣，可以養在室內。

對這種體型很長的狗狗而言，肥胖是牠最大的敵人。所以，飼主一定要每天帶牠出去運動。同時留意牠的食量和食慾，讓牠保持愉快的身心狀態。

如果沒有時間每天帶牠出去散步或運動的話，恐怕就不太適合飼養臘腸狗吧！

臘腸狗的種類與毛質・毛色

臘腸狗依照體型大小可分為兩種；再依毛髮的種類各自分成三種，體毛顏色十分多樣化，很難在其他狗狗身上看到如此多變的種類呢！

標準型＆迷你型

紅色的標準型與迷你型臘腸狗。

臘腸狗可以分爲獵獾專用的標準型（重約十公斤），以及可進入小洞穴中，捕獲野兔等小動物的迷你型臘腸狗（重量在四・八公斤以下）兩種。

短毛種

短毛密生，滑溜又有光澤；毛色以單一紅色或黑＆黃褐色等雙色，或者是其他的混色系為主。

黑＆黃褐色
為雙色的代表毛色。在眼睛上方、下顎四周、前胸、四肢、肛門週遭或尾巴下面等部位，都可發現黃褐色（紅褐色）的斑塊。

紅色
擁有美麗光澤的紅色臘腸狗，以短毛種最受歡迎，也是最具人氣的毛色。

擁有鮮麗斑塊的黑＆黃褐色和光滑的紅色臘腸狗。

臘腸狗的毛髮大致可分爲光滑的短毛型、柔軟的長毛型，以及又粗又短的剛毛型三種毛質，各有不同的毛色；但迷你型臘腸狗的毛質或毛色都一樣。

長毛種

柔軟如絲般的長毛具有漂亮的光澤。長毛種的毛髮顏色如同短毛種一樣，大都是紅色、黑＆黃褐色或雙色。

黑＆黃褐色

和短毛種一樣，在帶有光澤的黑色毛海中均勻摻入黃褐色斑塊。

紅色

暖色系的紅色毛海為長毛種加分不少；亮麗的紅色由深至淺，譜成美麗的色調。

長長的毛海在陽光下更顯亮麗迷人！

雙色銀

絲般的毛海中配上銀色斑塊，
呈現極為優雅高貴的毛色。

色澤美麗、分布均勻的斑塊，為長毛種增添不少魅力！

雙色褐
如巧克力般的褐色斑塊，讓人印象十分深刻。

黑&黃褐色
以黑為主加上黃褐色的斑塊——剛毛種總給人精悍的印象。

嘴角邊的黃褐色剛毛，是否為狗狗增添幾許威風感呢?!

全身長滿又短又粗的剛毛，耳朵有柔軟的短毛，還有眉毛和鬍鬚。其毛色除一般常見的以外，還多了胡椒色或小麥色等。

紅色
紅色的體毛一直是臘腸狗特有的美麗色彩。

紅色和黑＆黃褐色都是臘腸狗最常見的毛色。

STANDARD

世界上有許多血統純正的犬種，各自擁有不同的類型與性格。在正式的標準型狗狗中，詳實記載了育犬協會所公認該犬種理想之外貌、特質等等細節。

何謂標準型？

狗狗依種類的差異，當然擁有不同的體型、外貌或大小等等。

而在標準型的狗狗中，爲了嚴守牠的純正血統，從理想的外觀或大小，到狗狗的個性、毛質、毛色，甚至連走路的方式，都有詳細的犬種規範。

其記載的內容會依不同的育犬協會而出現差異。在犬展中也依主辦單位的標準爲依歸進行審查，評定優劣。

至於標準型的狗狗，也因爲國別的不同而有些許差異。

像臘腸狗的話，在原產地的德國，又依照重量把迷你型的臘腸狗加以區分；但是，美、英或日本只有一種迷你型。而體重的限制也不盡相同。

如何雕塑理想的標準

標準型的臘腸狗最能反映出此犬種的歷史，也呈現應有的特色。

希望能夠培養出優秀比賽犬的飼主，莫不以這種標準型爲依歸，不斷研究發掘近似理想標準的狗狗。

臘腸狗在德國是以兼具體型美和訓練性而被繁殖出來的狗狗，即使是迷你型犬也具有這個特色。但在美國主要以體型美爲訴求，日本似乎也有這方面的傾向。

接下來要介紹日本育犬協會中，登錄隻數最多的標準型臘腸狗。除了關心此犬種繁殖的人以外，想要飼養臘腸狗作伴的讀者，更是不要錯過。

各部位的名稱

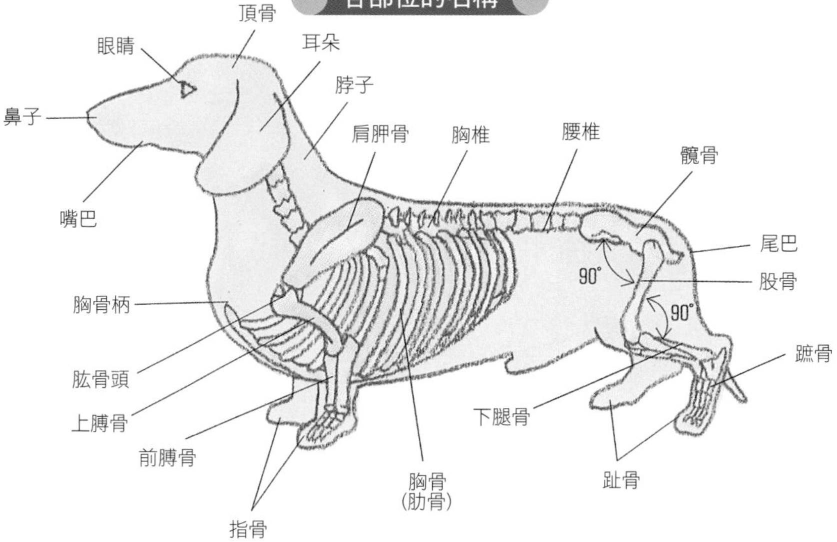

從標準型來檢視合格及不合格的各部位

眼睛的形狀

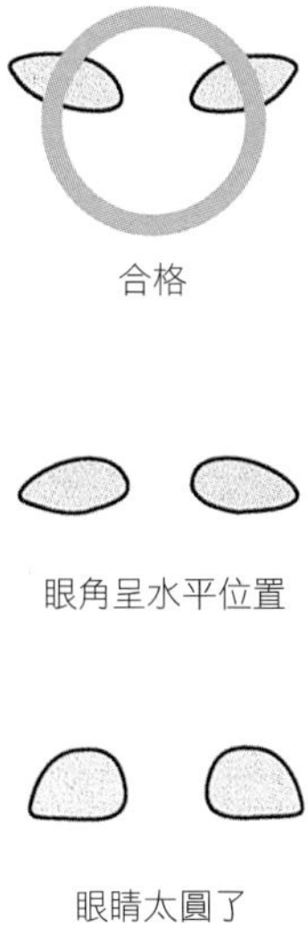

胸骨的形狀

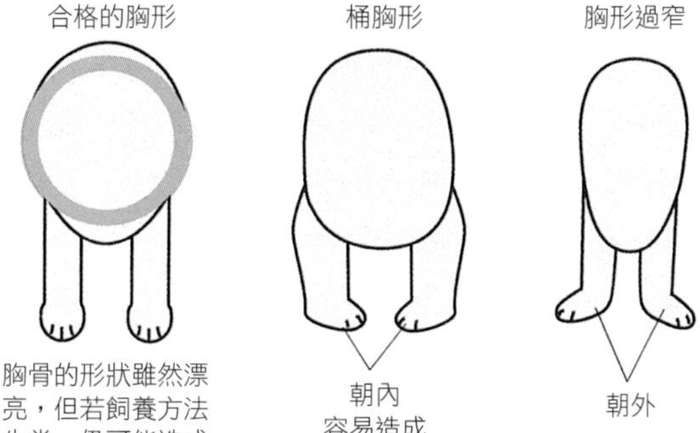

胸骨的形狀雖然漂亮，但若飼養方法失當，仍可能造成肘部外翻的現象。

頭部的形狀

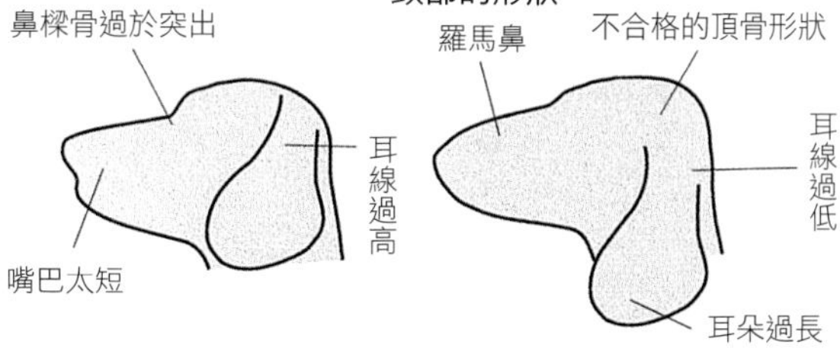

JKC
（日本育犬協會）
的標準

如果你想了解臘腸狗的歷史或特質，或者是牠那具有特色的體型等等細節，一定要細讀以下的章節。或許一開始覺得很難，只要多看幾次，應該就會越來越清楚裡面的內容了。

■原產地

德國

■沿革及用途

據說和巴吉度獵犬一樣，都以瑞士侏羅山脈的侏羅獵犬爲祖先。再和德國或奧地利山岳地帶之中型獵犬交配，形成今天的基礎犬種（短毛種）。當時體重約爲十～二十公斤，再與其他獵犬相互交配，出現了剛毛種；到了十五世紀左右，再與獵鷸犬交配培育出長毛種。其英文名稱 Dachshund 中的 Dachs，德語爲獾之意，而 hund爲犬之意，合起來即爲獵獾專用的獵犬。至於迷你型臘腸狗是因爲標準型的體型過大，進不了狹窄的洞穴而被刻意培育的新品種，歷史較短。

■一般的外觀

臘腸狗擁有短短的四肢和長長的身體，身高與體長約爲一比二。這是一種極富勇氣與智慧的狗，不論是地面上或洞穴中追捕獵物，牠都是第一選擇。

■個性

性格大膽、聰慧、開朗，感覺十分敏銳。

■頭部

狹長的頭骨形狀令人印象深刻。鼻樑骨高高挺起，雙眼上方的前頭骨也呈隆起狀。鼻樑很長，鼻子頗大，鼻孔打開，嗅覺靈敏。鼻色呈現黑色，但毛色爲巧克力色。口鼻細長，下顎強而有力，雙唇緊閉。牙齒呈剪刀狀咬合。眼睛爲微斜杏眼，顏色呈暗色系。耳朵根部接近後腦勺，可動性絕佳；長寬適度的雙耳前緣垂向臉頰，展現美麗的圓弧度。

■頸部

頸部呈現漂亮的弧線，長且纖細，宛如誇示美麗頭部般地挺立著。

■身體

體長且筋骨粗壯。背部有傾斜的肩膀，腰部的線條盡可能成一直線，與地面平行。腰部短而有力，胸骨末端突出，從前面看，兩側彷彿出現凹陷。胸部肌肉發達，呈長圓形，不論從側面或上面看，都是一個確保心肺器官擁有足夠發展空間的形狀。肋骨充分展開，慢慢和腹部的線條合而爲一。身體與地面有適度的距離，以保持自由的活動力。

■尾巴

尾巴位在背部的延長線上，不能過長或過彎，末端細長便於高高舉起。

■四肢

肩胛骨又長又寬，位在相當發達的胸部上，與上膊骨成直角。從前面看，前肢短，稍向內部傾斜；從側面看，前肢筆直，位在胸部最內處，且有柔軟的肌肉。趾幅寬又有力，筆直朝外生長。腳上的肉墊很厚，指甲堅固呈暗色。髖骨不可過短，要呈適度的傾斜。長度適當的大腿呈直角，小腿較短，與大腿形成直角。從後面看的話，後肢呈直立狀，腳趾、肉墊或趾甲，大致都和前肢相同。

■體毛與毛色

A、短毛種

毛質強韌、偏短且光滑，爲具有光澤的叢生毛。毛色分爲單色、雙色或其他顏色；單色系有紅色、硬紅木色（即紅色毛的末端帶點黑色）。雙色系有黑&黃褐色、巧克力&黃褐色。其他顏色有雙色（斑塊）或虎斑色等等。

B、長毛種

毛質柔軟有光澤。有少數的波浪狀毛出現於顎下或身軀下面，耳朵末端和前肢後側的毛則特別長，尤其是尾巴內側最長。不過，要注意過多的體毛反而會掩蓋其本身的特徵；像愛爾蘭獵狼犬般的優雅外觀，才是極品。其毛色大致和短毛種一樣。

C、剛毛種

除了下顎、眉毛和耳朵之外，全身都長滿又粗又短的剛毛。下顎有鬍鬚、眉毛爲長毛、耳朵後面則爲短毛。若有長毛、波浪狀或捲捲的短毛等等，都會讓身價降低；銀色或胡椒色等毛色都獲得認可。除了這些毛色，胸前有白斑的話，身價也會打折喔！

■走路的樣子

重心要低、步伐富有彈性、昂首跨步、極具持久力。

■體型大小

＜標準型＞

身高　公　23cm～27cm
　　　母　21cm～24cm

體重　公　7kg
　　　母　6.5kg以上
　　　9kg～12kg最理想

＜迷你型＞

不論公母，體重在出生十二個月之後，都不可超過4.8kg。

■缺陷

不合格　隱睪症

缺點　1.極端咬合不正　2.相反的個性　3.淺胸　4.羅馬鼻　5.生性害羞

JKC 的標準型

在此以 JKC 的標準型為準，深入淺出地說明代表臘腸狗魅力泉源的身體各部位之特徵。

耳朵

耳朵長寬適度，根部接近後腦勺，前緣垂向臉頰，展現美麗圓弧度。

體毛

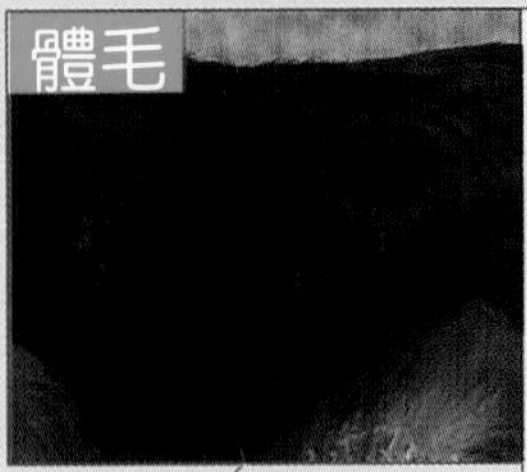

分為短毛種、有裝飾毛的長毛種以及有顎鬚的剛毛種三種。毛色以紅、黑＆黃褐色、巧克力＆黃褐色、雙色系為主，色彩十分豐富，還有銀色或胡椒色。

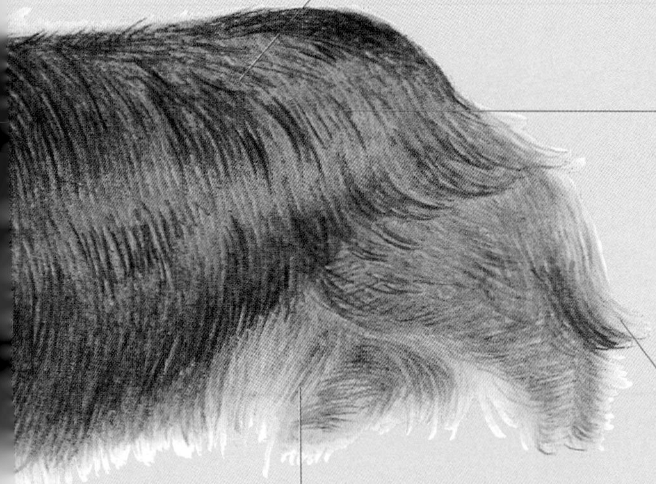

身體

體長且筋骨粗壯結實，背部盡可能成一直線。腰部短而有力，胸部肌肉發達。肋骨充分展開，慢慢和腹部的線條合而為一。

尾巴

尾巴末端又細又直，位在背部的延長線上。

四肢

肩胛骨與上膊骨成直角。前肢從前面看偏短，稍向內部傾斜。趾幅寬又有力，筆直朝外生長。腳上的肉墊（腳底的肉球）很厚，指甲堅固呈暗色。長度適當的大腿呈直角，小腿較短，與大腿形成直角。後肢呈直立狀，腳趾、肉墊或趾甲，大致都和前肢相同。

眼睛

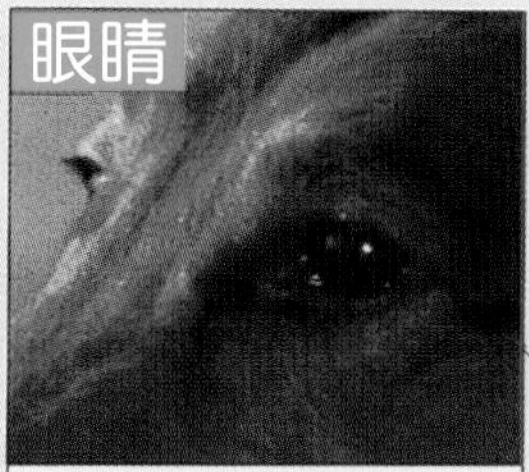

眼睛為微斜杏眼，顏色呈暗色系，表情豐富。

頭部

狹長如楔形的頭骨形狀令人印象深刻，頭頂微呈拱起。雙眼之間、口鼻和頭蓋骨接壤的凹陷部位十分凸出。

鼻子

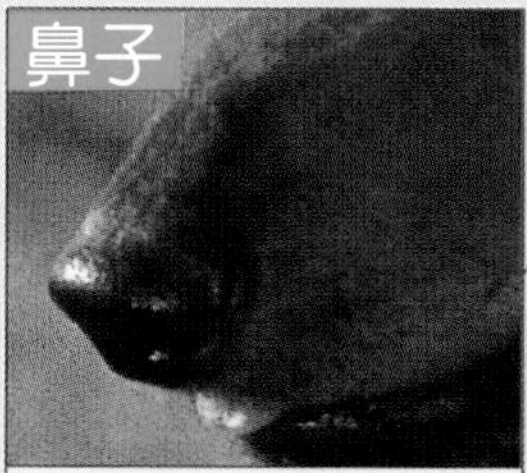

鼻樑很長，口鼻細長，鼻子又大又黑。

嘴巴

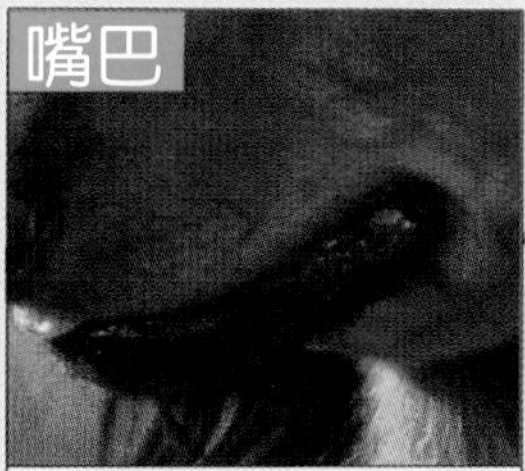

下顎強而有力，雙唇緊閉，牙齒呈剪咬合狀。

頸部

頸部呈現漂亮的弧線，長且纖細，宛如誇示美麗頭部般地挺立著。

體重

標準型以 9～12 kg最理想；迷你型的話，不論公母，在出生 12 個月之後，體重都不可超過 4.8 kg。

各部位的形狀

目前出現了各式各樣不同類型的犬種，頭、耳或尾巴等身體各部位的形狀，都可以分為好幾大類型。以下就針對臘腸狗的身體各部位之特徵加以說明。

頭骨的種類

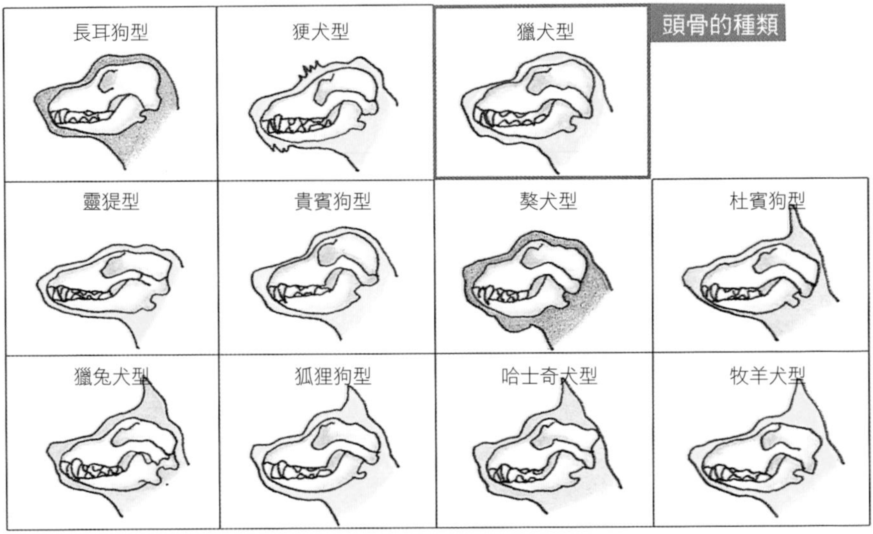

頭骨的形狀

臘腸狗的頭部在頭頂處微呈拱形，從鼻子部分呈楔形般慢慢變尖變細。

其頭骨形狀歸類爲獵犬型，但從側面來看，又如杜賓狗型般，雙眼間幾乎沒有落差。經過長久的改良，牠的體型很適合鑽入狹窄的洞中追捕獾。

尾巴的形狀

臘腸狗的尾巴沒有彎曲，末端纖細，彷彿與背部線條位居同一線上地筆直伸向後方。

像這種尾巴筆直，常見於長毛種，且有長如裝飾毛下垂般的尾巴，稱爲「羽毛尾」。

至於尾巴不可以舉得過高。

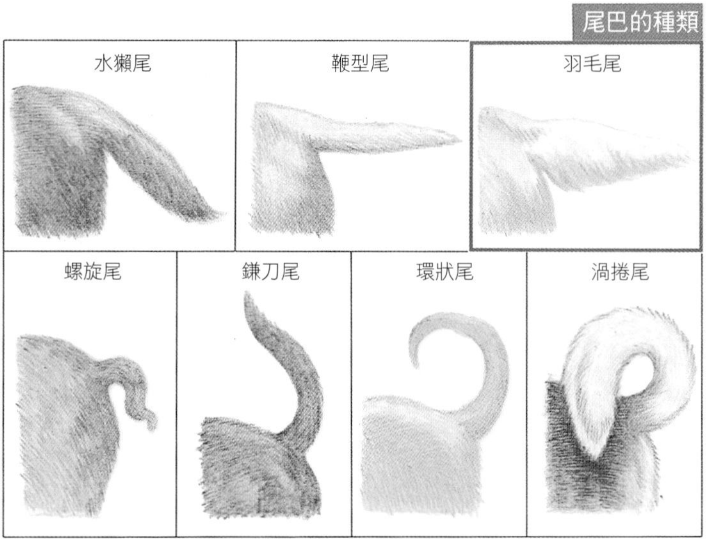

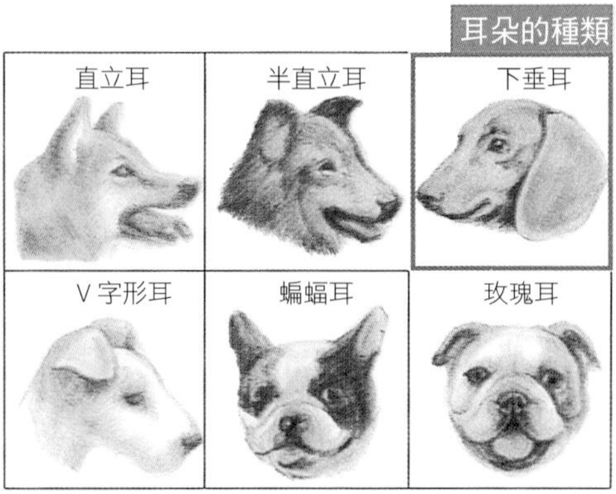

耳朵的形狀

臘腸狗的耳朵屬於下垂耳；耳朵頗寬，耳長約從後腦勺的根部垂到臉頰。

因爲耳朵根部的位置較低，耳朵不可以反摺。

像臘腸狗這類以追蹤見長的獵犬，大多有垂耳的特徵。

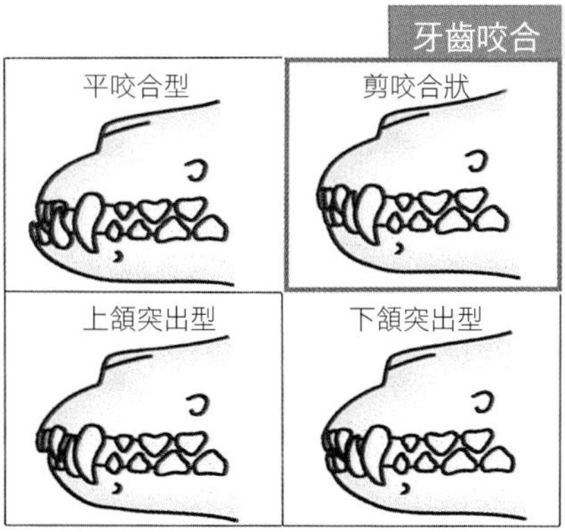

牙齒的咬合

獵犬之類的狗狗大多有強而有力且十分發達的犬齒。

其牙齒咬合如同剪刀狀，上排牙齒的內側微微契合於下排牙齒的外側。

臘腸狗的

表　情　相　簿

撒嬌

FAWN ON

此時的心理與行為

當臘腸狗把身子靠過來，表示牠希望得到主人的溫暖及關愛。如果主人輕輕撫摸牠的身體，牠會放輕鬆，以一雙無邪的眼睛注視著你。

「和主人在一起好開心，希望一直跟主人撒嬌。」只要摸摸牠的臉，牠就就會覺得十分舒服，瞇起眼睛，一副樂在其中的模樣呢！

生氣

GET ANGRY

此時的心理與行為

在散步途中聞到新的氣味、無意間發現陌生的狗狗……，都足以讓牠齜牙咧嘴發出低沉聲表示憤怒：「喂，這是我的地盤，滾出去！」

除此之外，狗狗會生氣的理由還有很多；例如，碰到不好的人或事。最重要的是，不要讓狗狗因爲生氣咬傷了別人。

DACHS ALBUM

思考

此時的心理與行為

當狗狗馳騁於寬闊的廣場，卻遠遠傳來主人的呼喚聲；「主人在叫我了，可是我還想玩……」當牠心情猶豫不定時，也會開始搖尾巴。

然後牠再回想自己的記憶與經驗：「再玩一會，應該不會挨罵……」「主人感覺怪怪的，還是趕緊回去吧！」「我趕快回去，主人一定會誇獎我……」

當狗狗記住很多事情後，會對牠的思考行爲很有幫助。

THINK

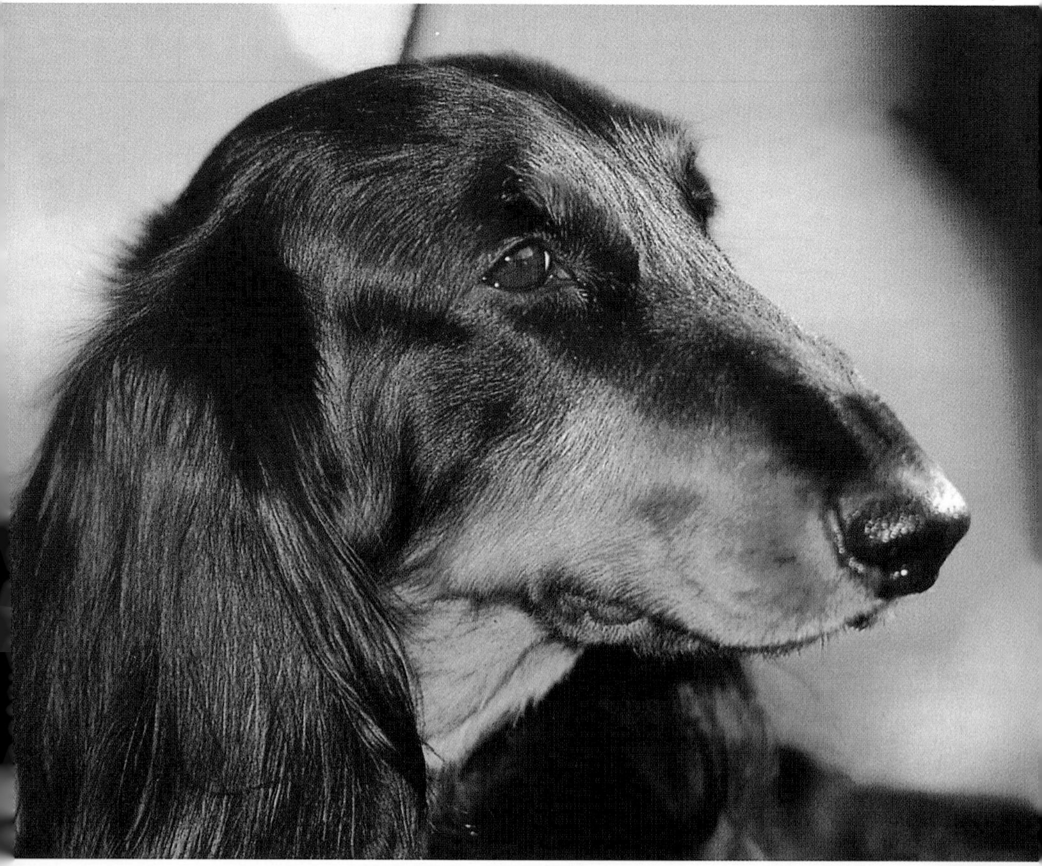

好奇心

INTERESTING

此時的心理與行為

狗狗是一種非常好奇的動物，對很多事物都充滿興趣：「咦，這是甚麼？」非得弄清楚否則絕不放棄。

牠們對於第一次看到，或者是很少看到的東西，都會試著靠近聞一聞，確定是否安全。然後再碰一碰對方，弄清對方的底細；這時牠們會搖著尾巴，雙眼發亮，一副非常認眞的模樣。

寂寞

LONELY

此時的心理與行為

狗狗的心理其實相當脆弱，非常需要主人隨時隨地的關愛及憐惜。

如果看不到主人的話，牠就會深感寂寞，輕輕移動頭部，四處嗅來嗅去。

尤其是個性優雅的長毛種，平常被疼惜慣了，更是不耐寂寞的小傢伙。主人不在時，牠就蜷縮著身子一直等待主人歸來。

此時的心理與行為

驚訝

SURPRISE

狗狗很討厭突然發出的巨大聲響；即使是平日很勇敢的臘腸狗，一聽到打雷聲，還是會嚇得躲在角落裡。

其他像重物突然掉在地上、地板上的玩具發出聲響，都會讓牠驚惶失措，飛奔而出，甚至一屁股坐在地上（雖然看起來有些丟臉）。

無聊

此時的心理與行為

平日活潑開朗的臘腸狗，似乎和無聊這兩個字扯不上邊。但是，如果說自己單獨在家時，那可真是無聊極了。

當沒有玩伴時，再怎麼活潑的臘腸狗也會變得無精打彩，整個頭或身體貼在地板上，偶爾掀一下眼睛：「啊……怎麼都沒有人……好無聊喔……」

過一會兒牠就會找些趣事來做，或許也會開始搗蛋呢！

DULLNESS

迎接小狗

何處尋找理想的小狗

近年來人氣看漲的臘腸狗，應該都可以在一般的寵物店發現牠的蹤跡。不過，選購小狗時最好多看幾家，多方比較，才能找到心目中理想的小狗。有時候小狗看起來都差不多，卻有截然不同的個性與特徵。只要多加接觸不同的狗狗，相信你也能成爲選購臘腸狗的箇中高手。

除此之外，不要光顧著看可愛的小狗，還要留意店裡的衛生狀態，看看狗狗吃飯的狗碗乾不乾淨、狗籠中的排泄物有無清理……。

如果是客人上門選購小狗，有店主或店員親自解說、並領有販賣執照的寵物店，「售後服務」應該會做的比較完善。

針對買回不久的小狗卻不幸死亡等突發狀況，有些店還會有補償措施，選購時不妨先做確認。

這裡的繁殖業者指的是致力於單一犬種（最多也只有幾種），不斷研發繁殖，希望此犬種達到理想品質的專業人士。

只要時常翻閱愛犬雜誌，或者是向當地的犬種團體洽詢，或自行上網查詢，應該都可以找出專門飼養臘腸狗的人。登門拜訪這些繁殖業者之前，最好先用電話確認。

在打電話向繁殖業者洽詢之前，一定要先確定自己想要的只是一隻寵物犬，或是用來比賽，品質絕佳的展示犬？當然，展示犬的身價一定比較高囉！

繁殖業者都是飼養臘腸狗的專家；他們對這種狗狗的飼育都有相當的認知，想要購買的人不妨多多請教他們有關養育的方法或教養的問題。

去寵物專賣店或繁殖業者那裡，都是找到理想狗狗的好方法；當然還有其他的管道。

其他的管道

可以事先去附近的動物醫院拜託獸醫留意，是否有新生的臘腸狗要出售或讓人領養。

或者是洽詢各地的公私立流浪動物收容單位或各大流浪動物網站，看看有無棄養，或走失的狗狗待人領養。雖說這些狗狗不見得是幼犬或系出名門，但幸運的話，或許也會遇上臘腸狗呢！

不過，領養之前最好先幫狗狗做全身的健康檢查，確定有無傳染病或其他的宿疾。

先向飼主確認的事

在決定購買幼犬的前後，要先跟飼主確認以下的事項：

- 此幼犬雙親的特徵。
- 此幼犬的健康狀態或性格。
- 是否曾接受疫苗注射或做驅蟲處理？
- 是否完成晶片登錄？
  何時取得血統證明書？
- 何時取得此幼犬？

擁有合格販賣執照及良好售後服務的寵物店是選購幼犬的最佳選擇。

找到適合自己的幼犬

檢查健康狀態的重點

臘腸狗屬於小型犬種，其幼犬的體型當然更小。不過，抱起來時，感覺比外表看來更具份量、骨架結實又有肉的體格，才是合格的體型。

體毛要帶有光澤，外觀潔淨，可以把毛撥開，檢查皮膚是否出現濕疹等問題。

在五官方面，雙眼要炯炯有神，不可積留眼屎；耳朵形狀美觀，裡面沒有污垢。鼻子摸起來涼涼的，有點濕潤感，而且不能有鼻水。嘴巴裡面的黏膜爲漂亮的粉紅色，沒有異味。肛門週遭緊閉，沒有紅色糜爛的情形；至於尾巴要活動自如，表示很有元氣。

如何區分性格？

如何分辨一隻健康的幼犬？

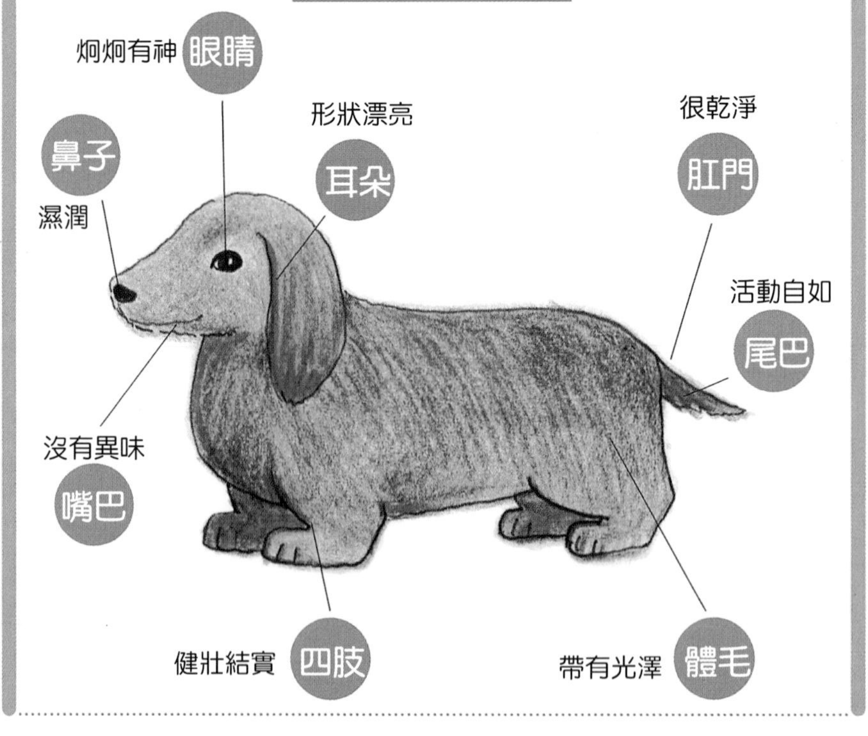

健康指的不只是身體上的正常，性格上的健康也是選購幼犬的重要條件。以下針對狗狗身心方面的檢查重點加以說明。

除了身體上的健康外，性格上的健全更是不容忽視的焦點。你可以觀察牠和其他幼犬的互動，了解狗狗的眞正性情。

受到對手攻擊之後，即刻加以回擊的積極性和敏捷性，爲優良犬種必備的特質。

狗狗也是一種群體中誰該當老大，擁有排行觀念的動物。所以，在一群幼犬中，經常可以看到爭奪老大地位的遊戲。比較強的狗狗居於攻擊位置，居下方的狗狗則經常逃避。一隻獨來獨往、不太愛動的狗狗，可能生性膽小畏怯，甚至是有病在身。

若聽到人的聲音，即靠過來聞一聞的狗狗，表示牠具有強烈的好奇心和探索心——而這也是狗狗不可欠缺的性格之一呢！

決定誰是老大的幼犬排行遊戲

比較強的幼犬
1 先舔對方的耳朵
2 再咬對方
3 最後將對方撲倒

不同環境的飼養方法與注意事項

寒帶地區

姑且不論夏天如何，對短毛種的臘腸狗來說，寒帶地區的冬天，眞是一個難熬的季節。一般來說，臘腸狗都會養在室內；如果養在室外，到了寒冷的季節，一定要把牠移入室內。白天可以讓牠在有陽光的房間做日光浴，晚上再給牠蓋一條毛毯禦寒。

除此之外，室內的暖氣也有禦寒的效果；不過，就寢時若將暖氣關掉，可能會讓狗狗因爲溫差而適應不良。所以，可以準備寵物專用的電熱毯。

在飲食方面，冬天須給狗狗補充高蛋白、高熱能的食物。

熱帶地區

養在熱帶地區的狗狗，要注意溫度的調節；若養在室外，狗屋應置於通風良好的地方，避免陽光直射。並選在涼快的清晨或傍晚，帶狗狗出外散步。

如果養在室內的話，最好加裝冷氣空調；不過，對人類十分舒適的室溫，對因腳短常在地板活動的臘腸狗來說，可能太冷了，要特別注意。

熱帶地區的炎熱夏天，常讓狗狗缺乏食慾；而食物缺少變化性，也是狗狗偏食的原因。所以，飼主應該留意狗食的調理與搭配，才能激起狗狗的食慾。

每天的運動是狗狗消除壓力的良方！

當飼養場所或地點不同時，養育狗狗的注意事項當然不一樣。在留意狗狗健康的同時，飼主也別忘了該有的細節。

都市或鄉下

狗狗原本是馳騁於原野的動物；尤其是臘腸狗，原來就是一種優秀的狩獵犬，把牠養在擁擠狹窄的都會區，其積存的壓力可會超乎人類的想像。所以，飼主一定要每天帶牠出去運動。

但話說回來，把牠養在鄉下地方，牠也不能像野狗一般來去自如，還是需要繫上牽繩限制牠的行動。

在公寓或大樓飼養狗狗的注意事項：

● 禁止狗狗亂吠，擾亂鄰居安寧。定時帶狗狗出去散步紓解壓力，並給予良好的教養。

● 注意狗狗的生理衛生，便器放在陽台時，要避免臭味四溢；梳理狗毛時，避免狗毛到處亂飛。

● 出入電梯等公共地域，最好把狗狗抱起來，避免狗狗隨地大小便。

若養在室外，天氣寒冷時，記得移往室內。

飼養多隻臘腸狗的要訣・如何和貓相處

CASE 1

飼養多隻臘腸狗時

狗狗具有在群體中，依照排行生活的習性。若同時飼養兩隻以上的臘腸狗，飼主應先充分理解狗狗世界的階級劃分，冷靜處理這種上尊下卑的狀況。

如果飼主因爲特別喜歡其中某一隻狗，而更加寵愛的話，會破壞這種應該自然形成的狗狗階級關係。

狗狗把飼主視爲群體的領導者，故被寵愛的狗狗，往往會以爲自己是僅次於領導者的次要人物。

CASE 2

當有新夥伴加入時

飼養多隻臘腸狗，但飼養時間不一致時，飼主應該肯定舊有臘腸狗的優勢地位。不要把注意力放在新來的嬌客身上，以免給其他的「元老」莫名的壓力；反倒是應該更加關心牠們，先餵牠們，給牠們所有的優先權，同時教牠們好好和新來的狗狗和平相處。當然也絕不允許牠們藉機攻擊或威嚇新的狗狗。

CASE 3

同時飼養臘腸狗和其他中・大型狗時

臘腸狗屬於小型犬，若飼主還養了其他的中・大型狗狗時，要注意臘腸狗的心理發展，避免讓牠覺得矮一截。

如果是先養臘腸狗的話，飼主應該慢慢向其他狗狗展示臘腸狗的優勢地位。在飼主的表現下，其他狗狗應該可以理解這個道理。

CASE 4

如何和貓咪相處

飼養多隻臘腸狗時，要留意狗狗與生俱來的上尊下卑之社會階級制。

不管今天是養了好幾隻臘腸狗，或者是和貓咪一起養，飼主絕不可以單寵其中某一隻。飼主強有力的領導能力，將是寵物們和平相處的力量。

狗狗和貓咪在性格或習性上都截然不同。尤其是臘腸狗原來是狩獵犬，在未完全馴服的天性下，甚至會把貓咪當作獵物；有關這一點飼主要特別留意，絕不允許狗狗有攻擊的行爲。

不論是先養狗或先養貓，在牠們首次會晤時，一定要特別小心。首先把貓咪放在籠子裡，再帶牠和狗狗見面，告訴牠們：「要當好朋友喔！」讓彼此都聞一聞，熟悉對方的氣味。等雙方習慣後，飼主再抱貓咪過來接近狗狗。

貓狗雙方可能需要一段頗長的時間，才能彼此接納；即使牠們能夠相處在一起，飼主還是要多多留意雙方的舉動。

至於飲食的內容，貓狗也不一樣。要注意貓咪食器的放置地點，避免讓狗狗吃到；雙方的如廁地點也要加以區別。

先養狗的話——

由於狗狗有在群體中階級排行的天性，即使家裡來了新貓咪，飼主也不要忘了一切以狗狗為優先。

狗狗也是一種具有地盤觀念的動物；對於「入侵」自己領域的貓咪難免張牙舞爪，一副想吃掉對方的模樣。所以，帶回貓咪之前，最好家中的狗狗已經受過良好的服從訓練，聽得懂「不可以！」「等一下！」「坐下！」等指令。

先養貓的話——

貓咪也是群體中決定地位再行動的動物。所以，包括餵食時間在內，如果飼主對先養的貓表示優先處理的態度，狗狗就會認可貓咪在上位的事實，雙方比較容易構成良好的關係。

反之，如果飼主太關注新來的狗狗，貓咪在強烈的嫉妒心之下，容易造成壓力而生病，甚至演出離家出走的戲碼。

迎接幼犬到來之前的注意事項

每隻狗都需要一個狗屋

即使像臘腸狗身體那麼小的狗狗，也需要一個自己可以好好休息睡覺的地方。雖說有些飼主視牠爲心愛的寵物，但人狗之間最好還是有個區分的界線，不要讓狗狗隨便跑來跑去。就算把牠養在室內，給牠專屬的狗屋或狗窩仍是免不了的動作。

狗屋是狗狗身心休憩的好處所。

不論是狗屋或裡面鋪了毛巾或毯子的狗籠，或者是以簡單的厚紙箱或箱子做成的狗屋，甚至是市售的狗窩，都可以當作狗狗的家。放置地點以家人經常出入的客廳一隅最恰當。這是因爲狗狗把自己當作人類的家族成員，當然也希望自己融入家裡的生活。

狗屋在夏天可移至通風處，冬天可放在日照良好的地方。

仔細檢查室內的物品

和其他的犬種相比之下，臘腸狗的四肢彎幅較大，肘部外翻成蟹腳狀，或者是像牛一樣，後腳關節朝內彎曲成X字型。所以，室內的地板應該有良好的防滑設計，避免使用過滑的磁磚。而且要兼顧防水性，以便清理脫落的毛髮。

如果室內鋪設地毯的話，最好以短毛地毯取代長毛地毯，避免狗狗的趾甲勾住地毯而發生危險。

其他像狗狗經常出沒的地方，不要放置易碎或危險物品。

至於電器的電線或插頭，

養在室內的注意事項：

①準備大小適中的狗屋、籠子或狗窩給狗狗睡覺，並要每天打掃以防止跳蚤或壁蝨滋生。
②像臘腸狗之類的小型犬，也需要足夠的日光浴或運動以消除壓力。
③注意室內的溫度，像臘腸狗這種短腳犬，因常在地板活動，更須留意室温。
④狗狗亂咬電線的習慣，從幼犬就要加以禁止，以免觸電發生危險。

為了讓即日起成為家庭一員的幼犬，很快進入狀況適應家裡的生活，有些事你不可不知。

也要做防護處理，以免狗狗觸電。高級傢俱最好貼上保護材料，比較不會被狗狗破壞，有時塗上芥末或辣椒，也是個省錢的好方法。

把狗屋放在家人出入的客廳，會讓狗狗安心不少。

對狗狗具有危險性的物品，平常就要收拾乾淨。

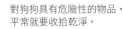

幼犬到來之前須準備的物品

狗碗與便器

爲幼犬準備狗屋的同時，別忘了重要的狗碗和室內犬專用的便器。

狗碗的話，要準備兩個，分別裝水和食物。塑膠製的狗碗容易因狗爪或牙齒刮傷而藏污納垢，所以，不銹鋼製品較佳。狗碗底部要穩固，才不會打翻食物或飲用水。

至於便器，市面上有各種類型可供選購，一般以塑膠製品較好清理；否則固定在廚房、廁所或陽台放個大墊子，鋪上衛生紙或報紙，也算一個簡易的便器。

便器的放置地以避開人群，安靜的地方爲宜。

其他的必需品

幼犬的日常生活用品

狗籠
把便器或狗碗一起放在籠子裡，整個狗籠抬去庭院做日光浴。

牽繩和項圈
注意不可傷到長毛種頸部週遭的毛海。

狗碗
選擇底部穩固，狗狗吃飯時不會動來動去或打翻的狗碗。

室內專用狗屋
考量幼犬長大以後需要的空間，可以買大一點的狗屋。

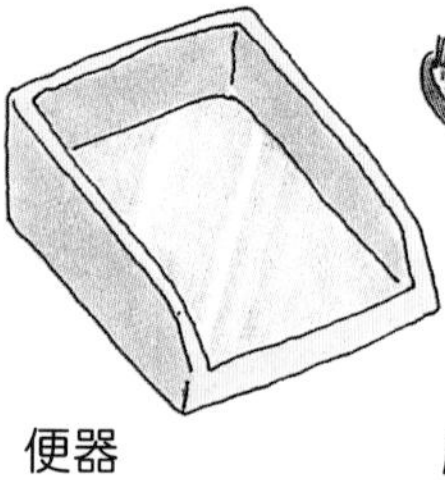

便器
可以選購大一點的便器，狗狗長大後才好利用。

刷子
短毛種用獸毛刷、長毛種用釘齒刷、剛毛種用三排刷。

梳子
同時有粗孔和細孔的梳子最方便。

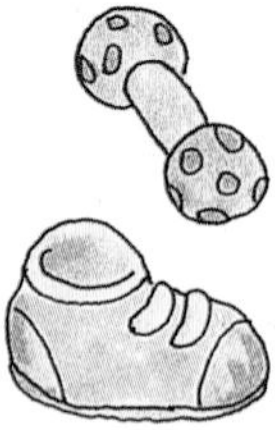

玩具
狗狗透過啃咬玩具的遊戲，可以消除壓力，鞏固牙齒和下顎的咬合力。

◆ 像狗屋、狗碗、便器、理毛用品、項圈、牽繩、玩具等等，都是幼犬來之前需要準備的物品。

其他像散步用的牽繩、胸背帶或項圈、理毛用的刷子、梳子、鑷子、剪刀、洗髮精或潤絲精等等，都是必備的物品。

而玩具不僅可幫狗狗消除壓力，還可強健牠的下顎和牙齒。發現狗狗亂咬東西時，除了把東西拿走，記得給牠一個取代用的玩具。這樣可以訓練狗狗知道，甚麼東西可以咬，甚麼東西不可以亂咬。

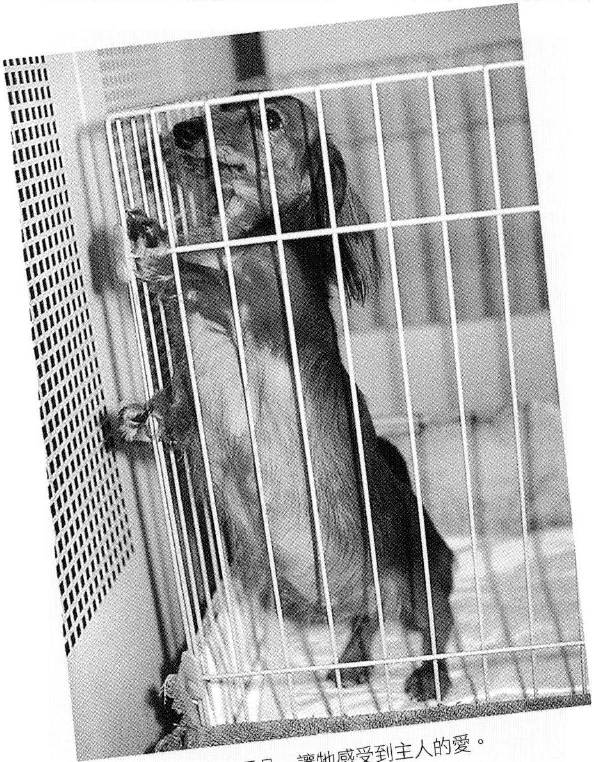

幫狗狗準備日常必需品，讓牠感受到主人的愛。

幼犬到來之後的注意事項

先讓狗狗好好休息

爲了讓突然與雙親或手足分開，而滿懷不安的幼犬，儘早適應新的環境，最好在中午之前把牠帶回家。

帶回幼犬時，記得向原飼主詢問相關的細節；但第一晚一定要讓牠好好地休息，全家人不要急著去抱牠摟牠。可以讓牠喝些水（或加幾滴蜂蜜），再帶牠去舖了同時帶回的毛毯的狗屋睡覺。

食物以原有的一半份量為宜

幼犬醒來之後，大概都會想要尿尿；飼主可以觀察牠的樣子，再帶牠上廁所，順便教牠大小便的位置。

剛開始的食物份量給一半就好，如果牠不想吃，只喝水

幼犬到來之後……

剛來時先給牠喝些乾淨的水，再讓牠好好休息。

當天先給一半的食物，若無食慾只喝水也可以。

剛來時可能都會夜鳴，不必介意，過二、三天就好了。

環境改變容易讓狗狗的健康出問題。

◆不要讓幼犬過於不安，可事先請教之前的飼主或寵物店一些應注意的事項。

也沒關係。狗狗一緊張或心生壓力感到不安時容易軟便、拉肚子，飼主可觀察大便的樣子，再慢慢地增加份量。

幼犬剛抱回家，難免因爲寂寞而在夜間哀鳴；這時飼主若於心不忍，把牠抱回床上睡覺的話，牠可能會養成習慣，每天晚上都叫個不停。所以，飼主要忍著點，等牠叫個二～三天就好了。你可以在狗屋旁放個鬧鐘或收音機發出微小的聲音，讓狗狗解解悶，不再那麼孤單。

帶回幼犬時一定要記住的事：

●問清楚之前的飲食內容、份量與吃飯時間

突然改變狗狗飲食內容或份量的話，容易讓牠的身體出現毛病。最好暫時依照原來的飲食習慣；或者是把原來的食物分成一星期的份給牠吃。

●帶回牠原來舖在床上的東西

將沾滿幼犬或母犬味道的毛毯等物品，舖在新狗屋，可以讓狗狗睡得比較安心。如果有其他玩具也一併帶過來更好。

●確定有無注射疫苗

除了狂犬病之外，還要分二～三次注射傳染病疫苗；所以，事先要問清楚狗狗已經接種過哪些疫苗，方便狗狗的健康管理。

儘早完成疫苗注射比較安心

寵物登記與疫苗預防注射

動物保護法之寵物登記管理辦法規定幼犬出生四個月內要做晶片注射及寵物登記。

而每年要記得固定一次注射疫苗，預防狂犬病。

除此之外，飼主可自行決定要不要接種其他的傳染病疫苗；目前已有多合一的混合疫苗問世十分方便。

絕育手術

如果沒有爲狗狗再做繁殖的打算，在牠的性徵變成成犬之前，可以進行絕育手術。

手術後的公狗其攻擊性及地盤觀念會變弱，飼主也不會再因母狗發情期出血而大傷腦筋。而且，手術後公狗的前列腺或精囊，母狗的子宮或乳腺，都比較不會發生病變。

犬隻的健康管理與基本的疾病預防	
出生後第25天	驅蟲
出生後第40天	糞便檢查、乳牙及咬合檢查
約2個月大	八合一疫苗注射
約3個月大	八合一＋萊姆病疫苗注射
約4個月大	狂犬病＋八合一＋萊姆病疫苗注射
約5～6個月大	絕育手術
1歲大	八合一＋狂犬病＋萊姆病疫苗注射
7～12歲大	一年 2 次健康檢查（血檢）
13歲以上	一年 4 次健康檢查（血檢）

DACHSHUND

與臘腸狗一起生活

新生兒期～斷奶期

（出生～30天）

成長過程與注意事項

這時的臘腸狗寶寶還處於吃飽睡、睡飽吃的幼犬期；養育一事可交給母狗負責，但有時也需要飼主幫忙呢！

充分睡眠快快長大的幼犬期

成長速度遠比人類快的狗狗，幼犬期很短，只有出生之後的三～四週。剛出生的小狗眼睛閉著，耳朵聽不到，除了吸吮媽媽的乳房喝飽飽之外，其他時間都在睡覺。

幼犬出生二～三天內所吸的奶水稱爲初乳，這和人類一樣，也含有各式各樣的抗體，免疫效果可維持二～三個月，一定要讓小狗吸食。

約過了一週或十天左右，幼犬的體重增爲出生時的兩倍。到了第十二～十三天，幼犬睜開眼睛了；等二～三週大，開始蹣跚學步，耳朵也對聲音出現反應。

幼犬出生後三週左右，開始長牙齒；這時牠的視力變好，充滿好奇心，也會和其他

玩狗之後可得好好休息喔！

的兄弟一起玩耍。只是玩耍之後一定要有充分的休息，並要留意睡箱的溫度。

飼主要幫助幼犬排泄或餵奶

幼犬大約過了三週大以後，才會自行排尿或排便；在這之前都要靠母狗媽媽舐嗜小狗的肛門或尿道口，給予刺激促進排泄，然後由媽媽清理排泄物。

不過有些「新手母狗媽媽」不會處理這種事，只好靠飼主把幼犬的屁股對準母狗的鼻子前面，讓牠舔一舔；或者是用紗布或脫脂棉沾些溫水，輕輕刺激肛門或尿道口，促進幼犬排泄，然後再把排泄物清理乾淨。

除此之外，有些母狗也不知道如何哺育小寶寶；這時可讓母狗平躺，幫一隻隻的小狗含住媽媽的乳頭，再輕輕地吸吮乳房。

飼主也要留意是否有些小狗受到擠壓，老是吸不到奶水，或者是體重增加過慢；這時可以先讓這些小狗吸到奶水最多的乳頭。

同時間要調配營養豐富的食物給母狗吃，刺激牠多多分泌奶水。

●體溫與保溫箱溫度的標準

出生天數	體溫	保溫箱的溫度
出生後 7 天之前	34℃左右	32～33℃
出生後 14 天之前	35～36℃	30℃左右
出生後 21 天之前	36～37℃	25～26℃左右

良好的環境與哺乳的方法

幼犬無法自行調節體溫，要注意床鋪的溫度；有時要代替母狗媽媽進行人工哺乳。

幼犬的睡鋪要放在安靜的地方

爲了使臘腸狗寶寶可以得到充足的睡眠，飼主一定要準備一個良好的生長環境。例如，幽靜、不會人來人往，可讓母狗和小狗一起休息的地方。

幼犬和人類的小寶寶一樣，無法自行調節體溫；大約等到四個月大以後，牠的體溫調節機能才會健全。在這之前，飼主要留意室內的溫度或濕度。天氣熱的話，冷氣不宜過冷，電扇也不要直吹幼犬。若是天冷的話，可利用電毯或電暖爐取暖，只是小狗喜歡咬電線，要特別注意安全。

狗狗睡覺的地方要經常保持乾淨。幼犬對病菌的抵抗力較差，一引起病毒性腸胃炎就相當危險，要格外注意。

人工哺乳的餵法

1 以小型犬專用的奶瓶，加入熱水沖泡幼犬專用奶粉，放至溫涼後再餵小狗喝。

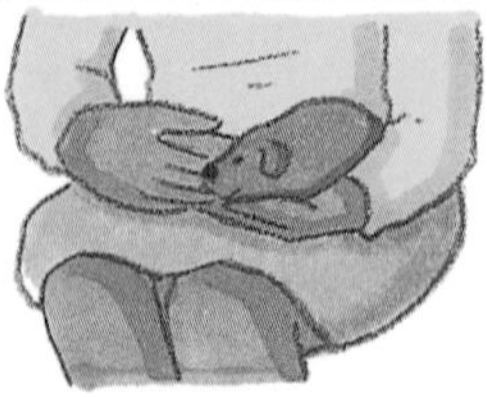

2 把幼犬放在膝蓋上，一手托住牠的下顎，用手指撐起牠的嘴巴。

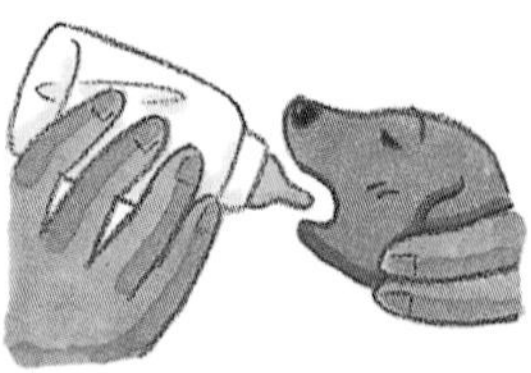

3 另一手把奶瓶放進幼犬的嘴裡，讓牠慢慢吸奶。

人工哺乳所需的用品

人工哺乳時的注意事項

因幼犬過多、母狗奶水不足或奶水品質不佳時，都必須進行人工哺乳。

選擇小型犬專用的奶瓶，加入熱水沖泡幼犬專用奶粉，放至溫涼後再餵小狗喝。如果是剛出生不久的幼犬，最好用人工哺乳專用的注射器和管子比較安全。

喝的時候要注意，不要讓奶水從幼犬的鼻子流出來；並留意幼犬肚子鼓起的樣子，不要餵過量而造成消化不良。

即使母狗的奶水不足，還是應該先讓幼犬喝母奶，不夠的再用其他奶水補充。非得全部喝人工奶水的話，一般的餵食標準是，出生五天之前，每隔三小時餵一次；出生十天之前，每隔四小時餵一次。等到十一天以後，再改成每六小時餵一次。

同時別忘了定期幫幼犬秤體重，看看牠是否正常成長發育。

我們準備出來玩囉!!

斷奶的方法

斷奶方法不得宜，臘腸狗將一生為腸胃不佳所苦；和母狗分開時，可別傷及幼犬弱小的心靈。

觀察生長情況進行斷奶

從乳牙開始長出的出生二十天以後，幼犬差不多可以進入斷奶期。幼犬的前臼齒約在六週大可以長齊，能夠咬較硬的食物，所以這段期間正適合餵食斷奶食品。

但是所謂的斷奶，不是一下子就用完全不同的食物取代容易消化的奶水；尤其是剛開始斷奶的前兩週，一定要仔細觀察幼犬對食物的吸收能力如何。可以先餵少一點，再看食慾和大便的狀況增加份量。

從幼犬二十天大以後，在溫熱的奶水或熱水中加少量的幼犬專用狗糧攪拌均勻，依進食的狀況逐漸增加份量，到了二十八天左右拌成粥狀。大約到了三十五天，應該就可以直接吃乾狗糧了；不過有時還要

斷奶食品的作法

出生後約 35 天的斷奶食品

可以直接吃乾燥的狗糧，不過還是要留意適應的情況。

像早上空腹時，可讓幼犬吃一些用白開水泡軟的狗糧。

睡覺前喝些奶水增加飽足感，有助睡眠。

出生後約 28 天的斷奶食品

狗糧與開水拌勻，再加些奶水混成粥狀。

起先用指尖挖給牠吃，等習慣後倒在淺盤上餵食。

偶爾給牠吃一顆乾狗糧，讓牠學習咀嚼。

出生後約 20 天的斷奶食品

準備幼犬專用狗糧和溫熱的奶水。

在奶水中加入狗糧，一直拌成可以喝的液狀。

依大便的樣子逐漸增加狗糧的份量。

加些奶水拌軟一些。

等到四十二天以後，幼犬幾乎結束斷奶期；有時可以在早餐後或睡覺前餵牠喝些奶水增加飽足感。

幼犬和母狗分開的最佳方法

斷奶期之後，或者是幼犬自己可以開始進食的時期，表示牠可以脫離母狗自立。

狗狗是一種母性強烈的動物。母狗會把吃下的食物於消化途中吐出來餵小狗吃，但是，母狗和小狗遲早一定要分開。最好是採取循序漸進的方式，出生三十天左右，偶爾抱小狗離開母狗的身邊，再慢慢拉長時間，只有晚上讓牠們睡在一起。

若是無預警地把幼犬帶離母狗身邊，會讓牠心靈受傷害，進而影響情緒發展。

幼年期

（30～90天）

成長過程與注意事項

臘腸狗應該先學習狗狗的社會習性，再進入人類家庭，適應人的社會成為家裡的一員。

越來越可愛的幼年期

狗狗出生後第四週開始到二～三個月大稱爲幼年期。在六～八週左右，狗狗的乳牙全部長齊，體力充沛，越發顯得活潑可愛。

這時期的幼犬對外在事物充滿好奇心，情感的表現更加豐富，越來越能呈現只有臘腸狗才有的可愛感與氣質。

而出生後一個月到二個月之間，也是決定幼犬個性的關鍵期。這時幼犬如果沒有得到充分的關愛，恐怕會出現情緒不穩等性格上的障礙。

幼犬經由手足間的同戲、吵架等團體生活，學習狗狗社會的生存模式，進而順應這種模式找出方法——從這個觀點來看，這時期的重要性自然不可言喻了。

養狗的基本認知

當可愛的小狗來到家裡，在興奮之餘別忘記稱職狗主人的基本認知喔！

①不要讓狗狗莫名其妙地亂吠，以免造成週遭鄰居的困擾；一隻教養得宜的狗狗，才會獲得眾人的喜愛。

②隨時保持狗狗的清潔，身上的體味或掉到四處的狗毛可會引起鄰居的抱怨喔！

③外出散步時一定要幫狗狗繫上牽繩，並把狗狗的排泄物清理乾淨。

睡鋪週遭的危險物品

像髮夾、迴紋針、橡皮筋、香煙或塑膠袋等物品，都可能讓狗狗誤食，要特別注意。

迎接幼犬進入家庭的時機

出生六十天之後，是幼犬離開雙親或手足進入人類家庭的時機；在這個新的家庭中，幼犬會逐漸培育出適應人類社會的能力。

有些狗狗會因爲突然進入陌生環境而喪失食慾；不過只要有家人的關愛，相信狗狗很快即可恢復原有的生氣。

初步的教養期十分重要

從狗狗出生約兩個月以後，爲初步的教養期。雖然正式的教養期爲各項知識較爲成熟的三個月以後，但像如廁、飲食或禁止狗狗因爲好奇心驅使而四處亂咬的訓練等等，還是早點進行比較恰當。

如果狗狗做出不當或危險的行爲，飼主應該以簡短有力的語彙加以斥責；而且全家人的禁止語氣應該一致，免得讓狗狗聽得「霧煞煞」無所適從。

在此也要提醒飼主，在斥責自己的狗狗之前，是否已經把牠的睡鋪四周或遊戲地點，可能誤飲或誤觸引發危險的物品收拾乾淨。

緊緊跟隨媽媽身邊的小狗狗。

幼年期（30～90天）

健康管理與運動

帶狗狗回家時，應該先找獸醫做全身健康檢查。在疫苗尚未發揮功效之前，可在室內或庭院運動取代戶外的散步。

健康檢查與預防疫苗注射

把家裡的新成員——可愛的幼犬帶回後，先評估看看牠要多久才能適應新生活，再帶牠去找獸醫做健康檢查。如果體內有寄生蟲一定要驅蟲，並記得在成長期，一個月做一次糞便篩檢。

幼犬出生時可以自母狗之初乳獲得的免疫抗體，快則五十天慢則九十天就會消失；所以，從出生五十～六十天左右，分二～三次注射可預防各種疾病的疫苗。

如果從前任飼主那裡接回幼犬的話，記得向他索取有關的文件給獸醫當作參考，然後再追加其他的疫苗。

值得注意的是晶片登錄與狂犬病的預防接種。這些都有法律上的條文與該有的義務規定，飼主一定要確實遵守（請參考六十頁）。

如何讓狗狗習慣帶項圈

剛開始先讓牠的脖子綁上蝴蝶結，讓牠覺得很好玩，習慣後再換成觸感柔軟的項圈。

我也要依偎在媽媽的身邊啦！

正確抱住小狗的方法

另一隻手從狗狗的前腳下面扶著身體呈直立狀，讓狗狗依偎在胸前。

用手腕及手心托住狗狗的屁股和後腳。

可在室內或庭院做運動

臘腸狗體型很小，光是在室內跑來跑去，就已經有充分運動的效果了；不過，別忘了讓牠做做日光浴。

在牠注射的疫苗尚未於體內形成抗體之前，不宜外出，但適合在日照良好的房間或院子玩耍。

但是，這時期若做激烈的運動，反而會傷及骨頭或關節，應該避免。

其他像抱著狗狗時也要注意，千萬不要用力拉扯牠的四肢，或把牠甩來甩去，以免傷害牠的關節，讓牠對人類心生畏懼。

媽媽……這是甚麼？花花啊……好香喔！

幼年期（30~90天）

正確的飲食方法

幼犬透過飲食所需的營養約為成犬的兩倍。但因牠的消化能力未臻成熟，容易拉肚子或嘔吐要特別注意。

Y……肚子好餓喔……飯飯呢？

●一天的餵食次數與份量

餵食時間	30天～90天
早上7點左右	◎
中午左右	◎
下午5點左右	◎
晚上10點左右	◎

◎表示平常的份量。
○表示比平常少一些的份量。
△表示不餵也無妨；餵的話份量要最少。

營養所需量為成犬的兩倍

幼犬出生四十五天後，大致上已經可以直接吃乾狗糧，並在五十天左右完成斷奶事宜。

在這段期間狗狗的身體一天天長大，需要各種營養成分。專家也表示，成長中的幼犬每一公斤所需的營養，可達成犬的兩倍。

至於幼犬的用餐次數，延續斷奶期之後的一天四次；正因爲這時幼犬的消化功能不夠成熟，一出現拉肚子或嘔吐就會影響發育，所以，需要比成犬吃更多餐。飼主可留意狗狗吃飯的情形或大便的樣子，適時增減份量。

除了吃飯以外，其他時間也要爲狗狗隨時補充乾淨的水。

如何讓狗狗養成良好的飲食習慣

1. 固定於同一時間、同一地點以相同的狗碗餵食。這是為了讓狗狗記住到了這個時間、地點和狗碗才是用餐時間。

2. 讓狗狗養成 10 分鐘內吃完的習慣；一旦發現牠邊吃邊玩，即刻收拾餐盤。

3. 不要任意更動飲食的內容。若因為小狗看似缺乏食慾就給牠吃好吃的食物，可能養成偏食的習慣。

4. 最好不要餵牠吃零食，必要的話給少一點；盡可能在固定的時間、地點餵牠。

要攝取均衡的營養

在幼犬的成長期爲牠準備合適的狗食，培育強壯的體魄，有助於牠在未來的生涯中，不易遭受病菌的侵襲。

一般來說，臘腸狗屬於食慾旺盛的犬種；所以，潛藏著容易過胖的危險因子。雖說發育中的幼犬還是養胖一點比較好，但果眞如此的話，飼主更要提供均衡的飲食給幼犬才是維持健康之道。

此時的飲食以動物性蛋白質爲主，添加必需的脂肪、碳水化合物、礦物質或維他命等營養成分。除此之外，這時也是基本骨架生長的重要時期，不論是鈣質或維他命的補充，一定要和蛋白質一樣充裕。如果狗狗習慣吃狗糧，這些營養成分已經被計算在內，不用擔心營養不均衡的問題。

要更動飲食的內容時

先在原來的食物裡加一些想要更換的新食物。

再逐漸增加新食物的份量，並減少原有食物的量，一星期內更換完畢。

少年期（90天～6個月）

成長過程與注意事項

不僅是身體，連心理也大幅成長的這個時期，可說是影響狗狗一生的重要時期，更須飼主加倍的愛心與照顧。

迅速生長的少年時期

若以人類來看，這相當於少年少女時代的狗狗生長期，不管是身體外型或心理意識，都有驚人的發展，堪稱是狗狗一生中最重要的時期。

飼主在提供幼犬身體成長所需的飲食時，也別忘了要開始教導狗狗如何和人類一起生活。

四個月左右，幼犬的乳牙開始脫落換牙；約七個月大，長出全部的四十二顆牙齒。

在這期間，幼犬常常因爲牙床很癢而四處亂咬東西；飼主不要只是一味斥責，應該給牠一些可以咬的玩具，幫牠處理這個惱人的困擾。其他像牛骨或堅固的狗狗專用橡膠玩具，也有助於狗狗強化自己的牙齒或下顎。

真心關愛才能獲得狗狗的信賴。

建立人犬之間的良好關係

幼犬三個月大之後，對於進入未知的場所，或習慣的環境出現變化，都會畏懼不安。

這時牠們開始出現強烈的地盤觀念，在牠六個月大以前，正是狗狗和飼主家人，建立良好信賴關係的關鍵期。也就是說，牠會慢慢學習順應人類社會的生活方式，越來越像家裡的一員。

臘腸狗是一種生性十分聰慧的狗狗，只要你發自內心關愛牠，經常和牠說話玩遊戲，一定可以儘早建立很好的互動關係。

正式的教養訓練可以從三個月大以後開始。而且，當狗狗對飼主萌生深深的信賴感後，教養過程會更順利；飼主在嚴格教育之際，別忘了也要給狗狗一些鼓勵與讚美。

不同的毛質也會產生不同的個性

臘腸狗十分聰明又勇敢；因為是獵犬出身，難免帶點激烈又不服輸的個性。其中與剛毛獵犬交配而成的剛毛種臘腸狗，生性愛嬉鬧，具有強烈勇猛的獵犬氣質。而擁有獵鷸犬血統的長毛種臘腸狗，性情比較溫和。至於和其他獵犬交配而成的短毛種臘腸狗，個性居於兩者之間。事先了解臘腸狗毛質的特性，對於教養上有一定的幫助。

讓狗狗養成刷毛的習慣

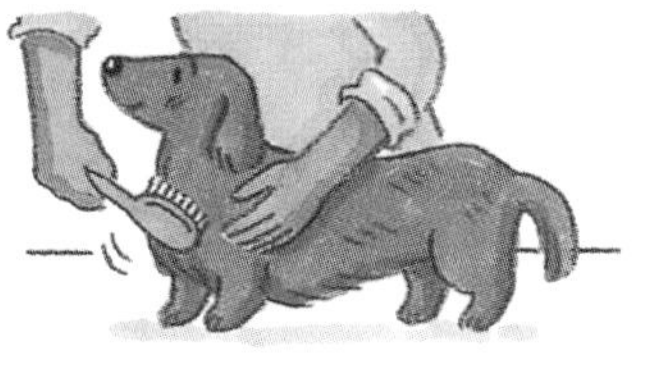

先從狗狗的喉嚨向下順摸胸口；等牠安靜下來變得溫馴時，再以刷子梳理毛髮。

健康管理與運動

散步不只有益身體健康，還能幫忙消除因運動不足造成的壓力；飼主可依狗狗的狀況決定散步的距離或時間。

散步時慢慢加長距離

等狗狗打完最後一次的疫苗經過一個月左右，身體就會產生抗體，這時就可以帶牠出去散步了。

這時記得幫牠戴上項圈和牽繩，以免在戶外受到驚嚇出現狀況。

一開始先在住家四週走一走即可，習慣這種活動後，再逐漸加大散步的範圍。散步不僅可以幫狗狗習慣住家以外的環境，還可以培養牠的警戒心和注意力。

若時間許可，早晚各散步一次，兼作日光浴。活動地點以安全無虞，可以讓狗狗盡情奔跑跳躍的地方最好。

等幼犬五個月大以後，可將牠繫在主人的旁邊，教牠和人以相同速度一起奔跑。這時狗狗可能不太聽指揮，跑到自己想去的方向；此時千萬不可過度用力拉扯牽繩。因爲牠的骨架尚未完全發育，一味地拉扯可能造成牠四肢受傷或變形，不得不注意些。

此外，散步途中狗狗的大便，一定要確實清理乾淨。回家後用刷子清除毛髮上的灰塵，維護毛髮及皮膚的健康。

你瞧，我是不是比較帥？

散步或遊戲之後，要用刷子刷掉狗狗身上的灰塵。

瞧臘腸狗楚楚可憐的模樣！

健康管理上的營養須知

狗狗做運動可以促進消化機能，增加食慾；但對食慾原本就很好的臘腸狗來說，避免過食反而是健康管理的重點。

和人一樣，狗狗需要的營養也以蛋白質、脂肪和碳水化合物爲主，礦物質或維他命爲輔。不過比例和人不盡相同；如狗狗需要的蛋白質爲人的四倍，但脂肪需要量遠比人低。所以若攝取脂肪過量，會造成肥胖或引發皮膚病。

維他命可以刺激上述三大營養素的作用，促進幼犬的發育；其中的維他命E類，可使狗狗的毛更流暢光滑。若骨頭生長所需的鈣與磷供需失調的話，對骨骼發育將產生不良影響。這些都是狗狗健康管理上的基本知識，不可不知。

各種身體的狀況需要補充的營養

體臭・口臭	皮膚病	毛零亂無光	蛀牙	發育不良
寡糖 食物纖維	脂肪 維他命A 維他命E 維他命B_2 維他命B_6 等等	蛋白質 脂肪 維他命A 維他命E 等等	鈣質	蛋白質 維他命A 維他命B_1 維他命B_2 等等

正確的飲食方法

在可以確實孕育出強健體魄的這個重要時期，飼主更要用心留意狗狗的飲食狀況。如果要親手調配的話，要注意各種細節。

份量以八分飽為宜

幼犬三個月大以後，胃容量越來越大，消化機能也越來越好；原來一天要吃四次，現在改成早、午、晚三次即可，但份量可以多一些。原來的幼犬專用奶粉，也可以換爲一般的奶粉。

每次給的份量，以可以讓狗狗吃到八分飽爲宜。飼主可從進食的狀態，判斷份量的多寡；但別忘了，臘腸狗因爲胃腸功能很好，容易有吃過量的現象。

或許有些人會以人類的觀點去看狗狗的飲食，認爲牠們每天都吃相同的狗糧，即使很好吃也會吃膩了才對。其實狗狗和人不一樣，牠們會把第一次吃到的東西當作最可口的食物，吃一輩子也不膩。

如果你想給狗狗換換口味，讓他吃到更可口的食物，牠反而會記住新的味道，不想再吃原來的東西了。

●一天的餵食次數與份量

餵食時間	90天～6個月
早上7點左右	◎
中午左右	◎
下午5點左右	◎
晚上10點左右	

◎表示平常的份量。
○表示比平常少一些的份量。
△表示不餵也無妨；餵的話份量要最少。

經常準備一些乾淨的水給狗狗喝。

狗狗不能吃的食物

要注意親手調配的飲食

口感又脆又硬的狗糧不僅可以讓狗狗預防牙垢及牙結石，還能強化牙齒及下顎。如果不餵狗糧，而要自己調配狗狗三餐的話，不能光給牠吃軟軟的食物，以免引起牙齒方面的疾病。

像有許多人類習慣吃的食物，根本不適合狗狗食用。例如，過多的洋蔥會讓狗狗出現血尿，引起黃疸或貧血等等中毒現象。章魚、花枝、生竹筍等食物，都會引起消化不良或嘔吐。辣椒等辛辣食材會增加胃、肝臟或腎臟的負擔，也會造成嗅覺遲鈍。而又硬又刺的雞骨頭，狗狗更是吃不得。除此之外，過甜過鹹的東西，都不適合食用；尤其是巧克力吃太多，會引發尿失禁或痙攣呢！

光餵狗狗吃軟軟的食物，容易引起牙齒方面的疾病。

狗狗可以吃貓食嗎？

原則上狗狗可以吃貓食，但是只吃貓食的話，時間一久會出現問題。因為狗狗為雜食性，而貓咪屬於肉食性，需要大量的動物性蛋白質和脂肪。所以，貓食裡面的蛋白質和脂肪含量，超過狗狗身體所需。而且，因為貓咪一天消耗的能量比狗狗多，需要更多的熱量，故貓食的口味也比較重。狗狗如果一直吃貓食的話，容易引起肥胖、高血壓、腎臟或肝臟方面的疾病。

青年期
（6個月～1歲6個月）

成長過程與注意事項

母狗準備迎接發情期，公狗慢一些也會進入性徵成熟期；這時的臘腸狗即將變成漂亮、優雅又健美的狗狗呢！

茁壯生長的青年時期

從六個月之後到一年半之間，是狗狗迎向成犬，身心快速發展的時期，也可說是臘腸狗的青年時期。

公狗從六個月大左右，就有地盤的觀念，同時也會尊重其他狗狗的地盤。

有些母狗早一點的話，在七～十個月左右就進入發情期；自此之後，每六個月就會有發情的現象。接近發情期的母狗，毛海更有光澤、頻尿、外陰部腫脹，約有十天的出血期。

一開始的出血爲暗褐色，然後慢慢變淡。像臘腸狗之類的小型狗，有些甚至沒有出血現象，連主人也不知道牠已進入發情期。所以，飼主一定要仔細觀察。

●狗和人類的標準年齡換算法

狗	人類	狗	人類
1個月	1歲	6年	40歲
2個月	3歲	7年	44歲
3個月	5歲	8年	48歲
6個月	9歲	9年	52歲
9個月	13歲	10年	56歲
1年	17歲	11年	60歲
1年半	20歲	12年	64歲
2年	23歲	13年	68歲
3年	28歲	14年	72歲
4年	32歲	15年	76歲
5年	36歲	16年	80歲

（註）依狗狗種類多少會有差異

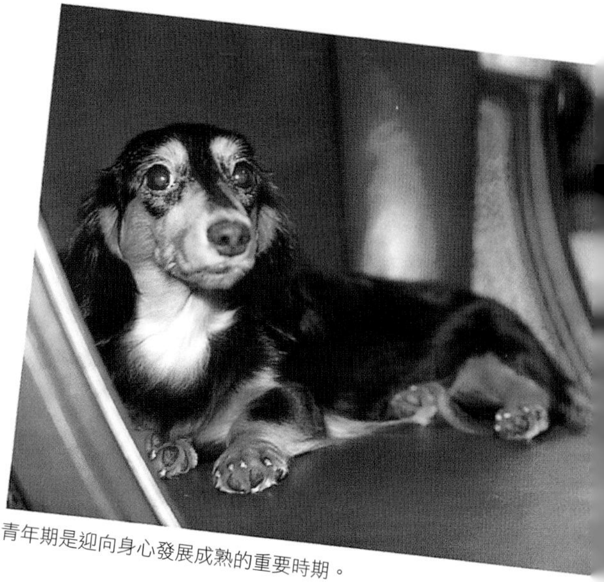

青年期是迎向身心發展成熟的重要時期。

等狗狗心理成熟再交配

公狗要到十一個月大左右才有生育能力，性徵眞正成熟。雖然公狗不像母狗有明顯的發情期，但此時牠的自我領域意識更爲強烈，會在散步途中頻頻撒尿（標記），藉機像其他狗狗宣示勢力範圍。

除此之外，跨在人的腳或沙發上，做出交配姿態（騎乘），也是性徵成熟的證明。這時牠開始對母狗展現極大的興趣。母狗只有在發情期才會以公狗爲交配對象，但是公狗在性徵成熟之後，隨時都可以交配。牠可能受到發情母狗體味的刺激，從遠遠的地方就一直追過來呢！

特別注意的是，母狗生產完之後，最好等到兩次發情期完再交配，給牠充分的休養。

公狗性徵成熟的表示

對母狗感到興趣

喜歡在電線桿上灑尿做記號

想要騎乘在人的腳上

健康管理與運動

每天早晚一次的運動，是這時期重要的環節。不管是運動或飲食都有固定時間，生活十分規律的話，才能保有健康的身心。

每天維持規律的生活

從六個月大到一歲半期間，臘腸狗的身體大概可以長得像成犬那麼大，之後的體型不太會改變。

在這個時期，與飲食、皮毛維護一樣重要的健康管理，就是早晚一次的戶外運動。

如眾皆知，消耗的熱量若少於攝取的熱量，就容易肥胖；尤其臘腸狗本身又很容易發福，所以足夠的運動是維持健康的不二法門。

而且，每天都要在一定的時間內，走完固定的一段距離，讓臘腸狗的精神發展更趨穩定。運動後再用刷子梳理體毛，保持身體的乾淨，然後再餵牠吃飯。如此有規律的作息與生活，才能幫臘腸狗維護身心的健康。

繫上牽繩做運動

這裡所說的運動不是悠哉悠哉地散步，而是拉著狗狗快跑或疾走。

時間控制在二十分鐘到三十分鐘左右；然後在公園或草地上訓練狗狗「坐下」、「起來」、「過　來」、「等　一下」、「趴下」、「休息一下」等指令。

梅雨季節的注意事項

高溫多濕的梅雨季節常令狗狗感到很不舒服，臘腸狗也不例外（尤其是長毛種）。這時即使狗狗食慾不佳，也要讓牠攝取足夠的熱量。

一般的狗糧也會因為潮濕的天候而發霉，要特別注意防潮，一次不要買太多。

臘腸狗因為四肢特別短，潮濕的地面常讓牠的腹部濕掉；所以，運動之後記得用乾布或吹風機把牠的身體吹乾。

大家一起來玩水喔！冰冰的，好舒服呢！

不同季節的健康管理

春天

春天是狗狗換毛的季節；要用刷子仔細梳理老舊的毛髮，以免到了梅雨季，成了皮膚病的滋生温床。

夏天

住在室外的狗狗，要移到陰涼的地方；並於狗屋週遭小心噴灑殺蟲劑驅除蚊蠅跳蚤，狗屋裡面也要經常打掃。

住在家裡的狗狗，要注意冷氣不宜過冷；散步時，以涼爽的早晚時分最好。

如果缺乏食慾的話，要補充高熱量的食物。

秋天

秋天是狗狗恢復夏天消耗之體力、儲存過冬之精力的季節。

這時狗狗不振的食慾大致恢復，反而要讓牠多多運動，以免過胖。

同時要細心為牠梳理毛海，刺激體毛的生長，才能度過嚴寒的冬季。

冬天

天氣一變冷，連飼主也不太想出門，但還是要讓狗狗充分的運動。

住在室外的狗狗要注意防風保暖，住家裡的話，小心不要讓牠玩暖爐等器具。

此時要特別留意因空氣乾燥，狗狗容易發生呼吸系統方面的疾病。

正確的飲食方法

體型近似成犬，但在體格形成期結束之前，一定要供給足夠的營養。好吃的狗糧是不錯的選擇呢！

●一天的餵食次數與份量

餵食時間	6個月～1年6個月
早上7點左右	◎
中午左右	△～○
下午5點左右	○～◎
晚上10點左右	

◎表示平常的份量。
○表示比平常少一些的份量。
△表示不餵也無妨；餵的話份量要最少。

提供適合體型成長的營養

狗狗九個月大之後，可慢慢養成一天只吃早晚兩餐的習慣。等到十二個月大左右，體格將大致定型，所以，這段期間一定要提供均衡的營養。

不過，像標準型臘腸狗的話，體格要定型可延至十五個月大，要特別注意。

只要成長年齡超過一年半左右的臘腸狗，都可以視爲成犬，飲食改爲一天一次也無妨，但要留意身體各部位的健康管理。

善加利用狗食

狗食依照狗狗的發育階段而有各種不同的種類；若只依水分含量來看的話，可分成以下三種類型。

●乾燥型

含水量十%，口感絕佳的乾燥狗糧，通常都可以提供狗狗均衡的營養，且價格便宜，易於存放。但從狗狗的喜好程

營養均衡，方便攜帶，是狗狗的一大食物來源。

臘腸狗的食慾超好，要小心肥胖問題。

度來看，還是比不上其他兩種狗食。

●半生型

含水量二十～三十％的半生肉狀狗食。和前者相比，不易存放，營養成分較差，但卻很合狗狗的胃口。因質地柔軟，適合幼犬或老狗食用。

●罐頭型

含水量六十～七十八％，以肉類加熱處理的罐頭食品；也會增添起司或蔬菜風味，最受狗狗歡迎。但因為價格昂貴，營養成分不夠均衡，通常是為了刺激吃狗糧的狗狗之食慾，才會添加進去。

狗食的種類

點心棒

有牛肉或加鈣口味，常當作訓練時的小獎賞。

罐頭型

將肉類罐裝處理的狗食，也是狗狗的最愛。

半生型

半生的肉狀狗食，適合幼犬或老狗食用。

乾燥型

口感絕佳的乾燥狗糧，價格便宜營養均衡。

變成老狗之後…

目前狗狗的壽命和人一樣逐漸增長，老年期的時間也增加；所以，老狗更需要飼主的關照才能安度晚年。

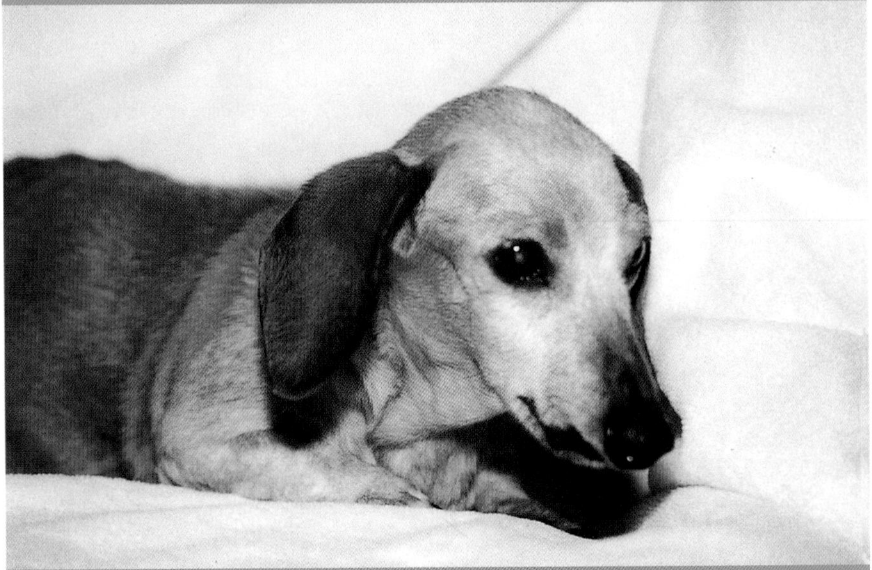

老年期也要充實度過

拜動物醫療技術的進步和狗糧等提供足夠的營養，狗狗的平均壽命，像室內犬已經長達十四～十五年。但是，狗狗第八年之後即進入老年期，等於牠的老年時代長達數年的時間，需要飼主貼心的照顧，才能過的充實又愉快。

溫馨舒適的狗屋

狗狗老了之後，行動不再那麼靈巧，狗屋會是最能讓自己的身心獲得紓解的地方。這

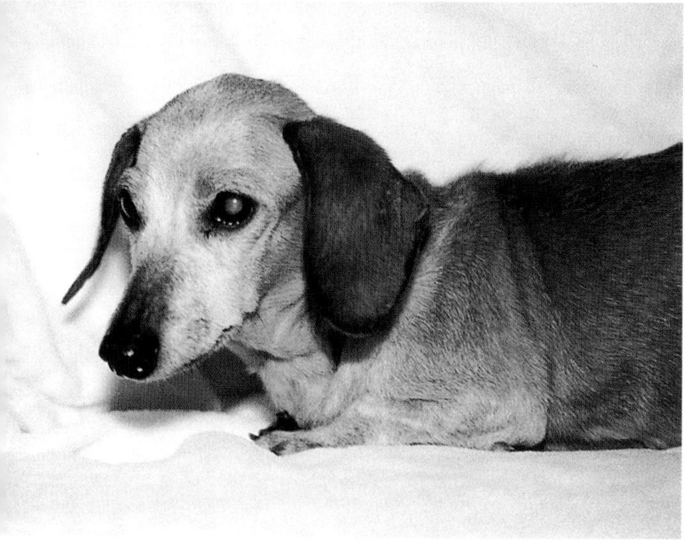

老狗適合安靜又舒適的環境。

時飼主要隨時清理狗屋，夏天防曬，冬天要保暖，更加注意狗狗居住的問題。

如果是一直住在室外的狗狗，可以把牠移到室內和大家一起生活，享受家裡的溫暖。

還是需要適度的運動

邁向老年期的狗狗，更需要良好的健康管理才能維持健康的身心。所以，還是可以每天帶牠出去散散步，預防肌肉衰退，促進血液循環；不過，不能讓牠過度勞累，以免消化過多體力造成反效果。

像平常傍晚帶狗狗去公園散散步，可以幫狗狗轉換一下鬱悶的心情，順便達到運動的效果。但是，若狗狗不願意出門，也不要強迫牠，更不要選在風強雨大的時候外出。

當然也有些狗狗即使老了，卻沒有忘記年輕時的習慣，每天只要一到相同的時間，就會央求主人帶牠出去散步。我想聰明細心的飼主，應該可以洞察到狗狗的心意吧！

當你認為老狗越來越不聽話時……

隨著「狗齡」的增加，狗狗的反應已經不再像年輕時那麼敏捷了。但是，看在不明究裡的飼主眼裡，卻覺得狗狗是越老越頑固，越來越不聽話。有時候非得推推牠的身體，牠才願意動一下。其實這有時是因為狗狗的骨頭或關節疼痛，卻無法告訴主人，只好自己忍耐。所以，飼主要細心觀察，千萬不要誤以為家裡的狗狗越來越「大牌」呢！

適度的運動絕對可以促進狗狗的健康。

提供容易消化的飲食

狗狗上了年紀之後，腎臟或肝臟等臟器功能逐漸衰退，消化的能力也越來越差。

當狗狗過了八歲進入所謂的「初老」時期，雖不必大幅更動原來的飲食內容，但要盡量提供好消化、高蛋白質、低熱量的飲食。如果吃狗糧的話，可用老狗專用狗糧。

萬一牠的牙齒脫落，吃不動堅硬的狗糧時，可在狗糧中加些溫牛奶或湯汁，方便狗狗食用。

小心留意疾病的發生

隨著老狗新陳代謝速度的衰退，很容易出現皮膚、呼吸器官或眼睛方面的疾病。身上的毛還是要和年輕時一樣天天梳理。

此時要注意老狗身材不可過胖，以免引發糖尿病或影響心肺機能。當然，若體重急速下降，或突然喪失食慾的話，要儘快求醫診治。除此之外，定期刷牙也是預防牙結石的好方法。

DACHSHUND

和臘腸狗更愉快地相處

好好訓練狗狗成為自己的
最佳夥伴吧！

幼犬來的那一天教養就開始了

為了讓狗狗和人們更加愉快地一起生活，一定要教牠有關人類社會生活的常規。當幼犬進入家門的那一刻起，就是啓動教養之門的好時機；如不事先教好，等牠養成不好的習性或過於嬌寵，屆時就很難去糾正牠的行為。

當狗狗還懵懂未知時，若經常輕輕地愛撫，會讓牠習慣人的手。再進行如廁訓練，學習在舒適乾淨的環境生活。透過這些互動，牠和主人的感情與信賴關係，也會日益深厚。

至於正式的教養學習，可以始於出生後二～四個月左右。臘腸狗生性十分聰慧，學習能力也很好。只是有些訓練可能與狗的本能相違背，所以，要利用一些合適的道具，讓狗狗的學習之路更加順暢。

教養所需的道具

滾動式玩具
可訓練狗狗的集中及注意力，這些都是狗狗的最愛。

牽繩
要用到狗狗一叫就過來的階段，注意狗狗的體型選出合適的種類。

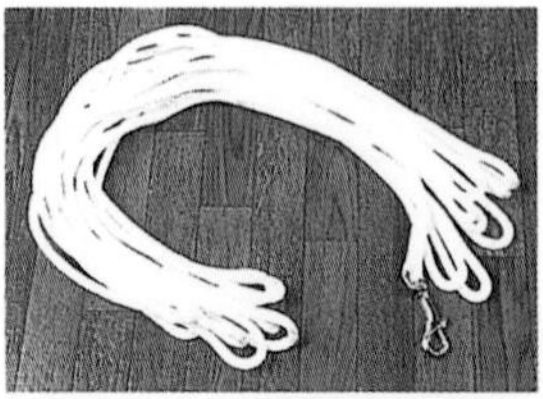

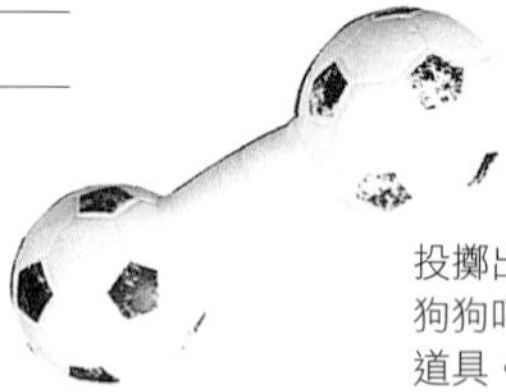

啞鈴
投擲出去，再讓狗狗叼回的訓練道具。

伸縮訓練繩
力氣較大的中型犬散步或訓練之用，尺寸一定要適合。

為了和狗狗愉快地一起生活，教養是一大重點，記得多用耐心和愛心。

有效的讚美與斥責法

狗狗原本就是一種群居的動物，下位者服從上位者乃天經地義的事。狗狗即使是和人類一起生活，也應該教牠真心順服於飼主。只要飼主和狗狗的主從關係夠明確，教養的工作也會進行的相當順暢。

基本的教養不外乎讚美和斥責；而且是兩種方法反覆進行加以教導。

教養狗狗時要注意牠的情緒反應，莫讓牠畏首畏尾。一般來說，臘腸狗的抗壓性頗強，即使受斥責也不會退縮，很快可恢復信心繼續學習。不過迷你型臘腸狗的感情較細膩，不要讓牠受到太大驚嚇。

斥責狗狗時，如果不讓牠明白挨罵的原因，那就一點效果也沒有。當你發現狗狗做了不對的事情，應在最短時間內糾正牠的錯誤；千萬不要拖拖拉拉，錯失最佳的教養時機。

讚美狗狗也是一樣；當狗狗做的很棒時，可溫柔地和牠說說話，輕輕撫摸牠的頭、肩及胸部，讓牠感受到主人的稱讚。受到讚美的狗狗會得到激勵，很高興地繼續學習新的東西。所以，有時候應該把教養的重點放在讚美這邊，多用稱讚代替斥責效果更好。

基本的教養事項

1 全家使用統一的語彙做訓練

為避免狗狗混淆，全家人要統一訓練的語彙；例如，讚美時說：「好棒！」斥責時說：「不可以！」

2 明確區分對的事和錯的事

教養狗狗時主人的態度要一致。若同樣的行為有時被罵有時又沒關係的話，很難教牠判斷是非善惡。

3 不宜做情緒性地指責

雖然狗狗不聽話，如果一味情緒化地加以斥責，反而會讓牠心生畏懼，變成一隻膽小狗。

4 讚美的效果比斥責好

與其責罵狗狗，倒不如多加讚美反而更能提昇牠的學習效果。

如廁及飲食的教養

如廁的教養

早上起床或用餐後，狗狗一直嗅著地板或在屋裡走來走去，都是想大小便的徵兆。

立刻帶牠去既定的地點如廁，告訴牠：「嗯嗯囉！」刺激牠排便。

上完後稍微讚美即可；若大肆讚揚的話，狗狗會忘了排泄這件事，而認為這是和人的一種遊戲。

多做幾次之後，狗狗會學到如廁的意義，牢牢記住自己該上廁所的地方。

如廁教養是第一件要事

臘腸狗大多養在家裡，如果能有良好的衛生習慣，全家人都會覺得安心又愉快；所以，從抱回幼犬的那一刻起，就要教導有關如廁的事宜。

訓練狗狗如廁的方法有很多，成功的要訣是，不要因爲牠一開始沒學好就嚴厲指責。因爲受到斥責驚嚇的狗狗，反而會偷偷摸摸找地方排泄呢！

如果狗狗大致上已經明白該在何處排泄，卻跑到其他地方大小便的話，就可以加以斥責。不過，一定要在牠正在大小便時斷然禁止牠。若等牠上完了，即使壓著牠的鼻子大聲斥責，牠還是不知道自己是因爲上錯地方才挨罵，誤以爲是因爲大小便這件事才被罵，反而造成反效果！

凡事起頭難！基本的如廁和飲食教養，
對幼犬更是一大訓練。

飲食的教養

選擇相同的時間、地點，使用相同的狗碗，給狗狗最正確的飲食訓練。

吃飯前先命令狗狗坐下來，再告訴牠：「等一下」。

等狗狗學會「等待」再給牠吃。吃飯時不要打擾牠，讓牠集中注意力。

注意狗狗有無邊吃邊玩的毛病；吃剩的食物立即處理乾淨。

吃飯的態度也是教養的重點

所謂飲食的教養，就是教幼犬正確的飲食方法。即教牠學習等待與忍耐，成爲一隻聽話的狗狗。

狗狗每天的飲食要選擇相同的時間、地點，並使用相同的狗碗。

爲避免狗狗狼吞虎嚥，粗暴地吃飯，先讓牠靜一靜，等牠冷靜下來再餵牠。

剛開始不要讓狗狗等太久；在主人同意之前幼犬就開動的話，可以把碗拿起來，重新教牠吃飯的規矩。

若發現狗狗邊吃邊玩，馬上把碗收起來。吃飯時間不要打擾牠，讓狗狗專心用餐；吃剩的狗食馬上清理乾淨比較衛生。

散步的教養與常規

正確又安全的運動方法

狗狗出生四~五個月之後，接種的疫苗已經發揮免疫功效，該是帶牠出去見識外面的世界，爲生活和健康加分的時候了。

此時訓練的重點是，當狗狗身處五顏六色的戶外時，能否好好聽主人的話一起行動。

首先在家讓狗狗戴上牽繩玩耍，這時牠會有所抗拒，飼主要堅持這個動作不能認輸。

選擇天氣好的時候帶狗狗外出。剛開始先玩五分鐘，隨著月齡增加延長戶外的時間。等狗狗八個月大之後，迷你型臘腸狗大約可跑三十分鐘，標準型約四十分鐘~一小時。

散步時飼主拉著牽繩，狗狗走（或跑）在主人的左側。要注意牽繩不能拉太緊，只要讓狗狗抬頭挺胸，配合主人的步伐前進即可。

有些狗狗好奇心超重，帶牠出門要小心別讓牠拉著你到處跑，也不要亂吃外面的東西或隨意行動。原則上當牠和其他的狗狗互相「交流」時，要避免狗群亂吠而影響大家的安寧。

如果是空間夠大的廣場或操場，可以解開牽繩讓牠四處奔跑，享受自由自在的快感。

散步時主人應注意的事項

許多人都有在公園不小心踩到排泄物的不愉快經驗，這也是整個社會的公德心問題。所以，飼主帶狗狗出去散步時，有義務清理牠排泄的便便，才不會造成環境髒亂。

除此之外，盡量讓狗狗忍到固定的地點尿尿，而不要隨地解決，以免造成附近鄰居的困擾。

接觸外在的世界有益狗狗身心的發展。

這些訓練可讓狗狗在室外服從聽話，和飼主一起快樂地運動。

帶狗狗散步的方法

先讓牠在室內習慣戴上牽繩。即使遭到抗拒，飼主也不能認輸。

狗狗突然衝出去會有危險，應該是飼主先出門，並在門口拉著牠。

讓牠走在自己的左側，步伐一致，不要任意超前，培養服從心。

狗狗到處聞來聞去、想要大小便或想要四處亂跑時，都要拉牽繩制止牠。

即使牠對著別的狗狗叫也不要理牠，繼續散步，有時牠只是和認識的狗狗打招呼罷了。

即刻清理狗狗的排泄物；利用塑膠手套和袋子才不會弄髒手。

其他的教養（坐下、等一下）

坐下的訓練

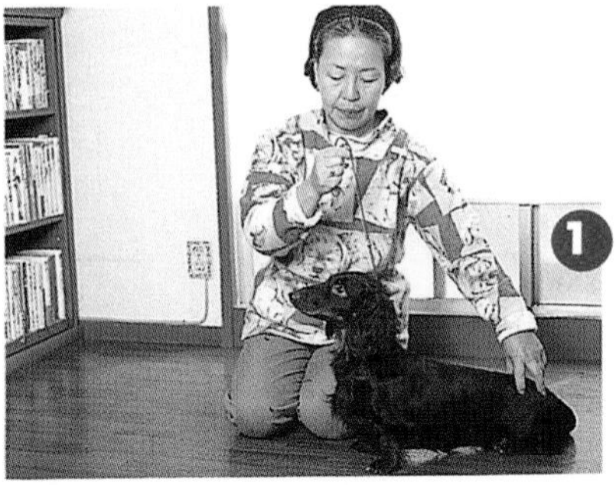

右手抓著牽繩，拉起狗狗脖子發出「坐下」的指令，左手往牠的屁股壓下去。

也可以拿狗狗喜歡的玩具放在牠的頭上面，牠自然會頭朝上屁股朝下地坐下來。

等狗狗坐好後，輕輕摸牠的脖子、胸部讚美牠說：「好棒！好棒！」

舉起右手（如同拉起牽繩的動作），只靠指令讓牠乖乖坐下。

訓練狗狗坐下的正確教法

「坐下」是狗狗從主人身上等待下一個指令的姿態；「坐下」經常和「等一下」搭配使用，讓狗狗學習坐下來等待主人的命令，常用於飲食或散步等各種教養上。一開始幼犬可能搞不清楚它的意思，可繫上牽繩進行輔導。

當主人用牽繩輕輕拉起狗狗脖子的同時，發出「坐下」的指令，壓著牠的腰。這時被手壓著的狗狗會形成「坐姿」；如果牠還試圖站起來，繼續對牠說：「坐下」，輕輕摸牠讓牠安靜下來。

等狗狗一直維持著「坐姿」後，牽繩鬆開一些，並放開壓著腰部的手。如此反覆多做幾次。也可以拿狗狗喜歡的玩具放在牠的頭上面，再訓練牠坐下。

坐下和等一下是狗狗初期訓練的首要步驟，要確實練習。

等一下的訓練

先讓狗狗坐下，以右手掌對著牠制止他前進，以強烈的語氣命令牠「等一下」。

飼主對狗狗說：「等一下」，然後自己慢慢向後退，離狗狗越來越遠。

若狗狗不安地亂動，飼主要回到原點讓牠坐下來，重新訓練。

若狗狗按照指令乖乖坐下來等，要好好讚美牠；也可以餵牠點心，只是別給太多。

學會坐下後 再訓練「等一下」

希望狗狗停止活動時，可對牠發出「等一下」的指令。例如，對牠說：「等一下」要牠停止奔跑；吃飯時間到了，先說：「等一下」讓牠等一段時間。

等狗狗學會乖乖坐下後，再教牠「等一下」的動作。

當狗狗坐下時，以右手掌放在牠的眼前，用強烈的語氣命令牠「等一下」，看著狗狗的眼睛，慢慢地向後退。

如果狗狗想要跟上來，飼主必須再說：「等一下」，回到原來的位置，讓狗狗重新坐下來。如此反覆多次，慢慢拉長距離，直到狗狗學會乖乖坐下來等爲止。如果牠表現良好，記得好好地讚美牠、摸摸牠喔！

其他的教養（過來、趴下、進去狗屋）

過來的訓練

左手拉著牽繩，右手暗示狗狗，命令牠「過來」，並拉一下牽繩。

接下來拿掉牽繩，只發出「過來」的命令，讓狗狗自動走向主人。

趴下的訓練

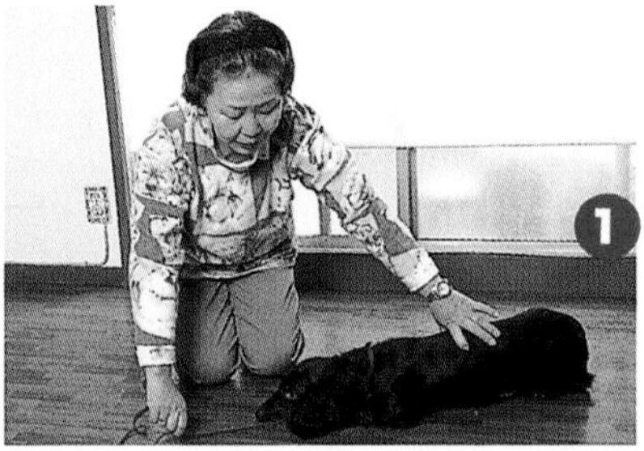

右手抓著牽繩向下拉，命令牠「趴下」，同時輕壓牠的身體。

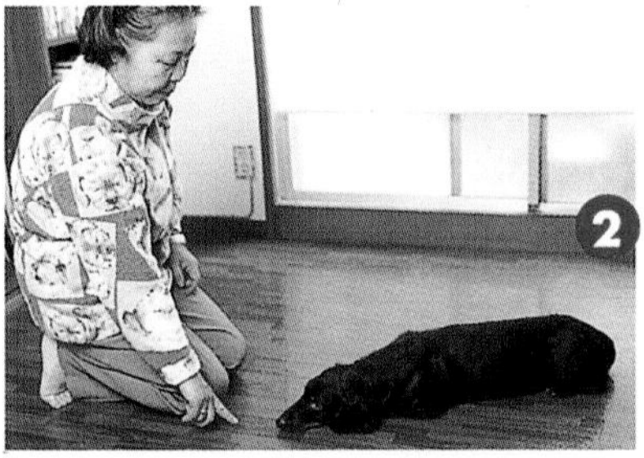

接下來只靠「趴下」的命令讓牠趴著；頭可以舉起來或貼在地板上。

過來與趴下的正確教法

學會「等一下」的狗狗，接下來要學習「過來」的動作。飼主面對狗狗，迅速拉著牽繩命令牠：「過來」；等狗狗聽懂後，逐漸加長後退的距離。

萬一你怎麼叫狗狗都不過來，或者跑到別的地方去，表示人狗之間的信賴感不足，有必要重新檢視彼此的互動。

至於「趴下」則是拉著牽繩，命令處於「等一下」狀態的狗狗，趴在地上。

「趴下」也算是一種等待的姿勢；但這種服從的態勢，對狗狗來說並不是很舒服。如果一時之間狗狗還是學不會，別著急，發揮耐性繼續教導。

等狗狗學會「過來」和「趴下」的動作後，可以活動的範圍就增加不少呢！

狗狗若學會「過來、趴下和進去狗屋」的動作，不管在家或外出都比較放心；這時狗狗越來越像家裡的一份子了。

進去狗屋的訓練

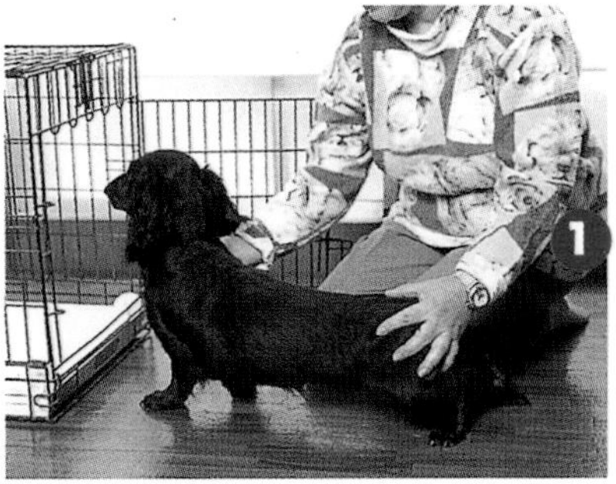

把狗狗帶到狗屋前面，命令牠：「進去」並用手推牠的屁股。

如果牠不肯的話，用玩具或點心吸引牠；讓牠在狗屋裡面吃飯也是個好辦法。

等牠進去狗屋裡，命令牠：「坐下」「等一下」，讓牠乖乖等一下。

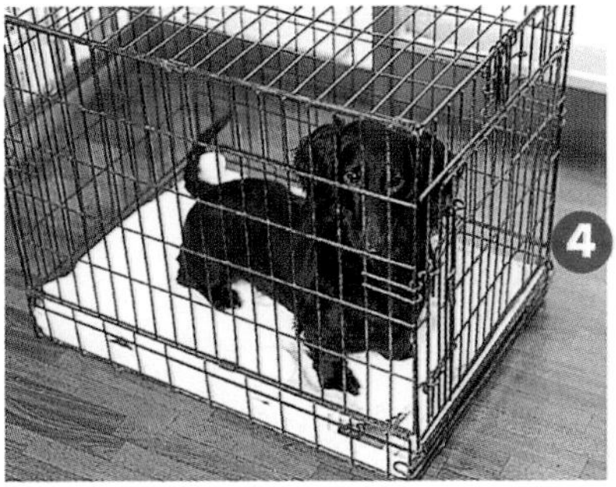

關上狗籠，讓牠在裡面靜一靜；若能從小讓牠習慣狗屋的存在，以後就不會有太大的抗拒。

進去狗屋的正確教法

即使是經常和人一起生活的幼犬，也需要一個可以安靜休息，或夜裡獨眠的空間；市面上的狗屋或狗籠都有很好的設計，可多加利用。

剛開始命令狗狗：「進去狗屋」，可用手推牠的屁股。如果狗狗抗拒的話，用一些點心或玩具吸引牠。有時候從小讓牠習慣在狗屋裡面吃飯，也是訓練的好方法。

等狗狗進去狗屋裡，再命令牠：「坐下」「等一下」；如果牠配合得當，記得要誇獎牠：「好棒」「好棒」。

當狗狗學會這個動作後，晚上只要主人一句「進去」，相信牠就會乖乖進狗屋睡覺。萬一有客人來不方便時，也可以要求牠待在狗屋裡。

三大毛種共同的照顧方法

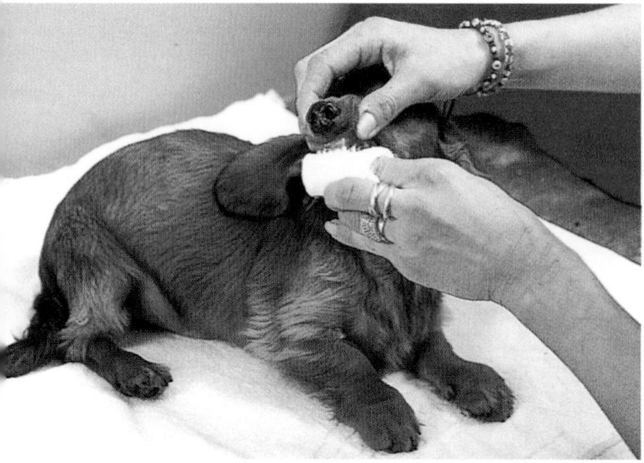

用紗布清理牙齒按摩牙齦。

牙齒的照顧

堅固的牙齒是狗狗健康的基礎；平日可用乾淨的紗布，清潔牠的牙齒，按摩牠的牙齦。

狗狗早期的牙結石，可以輕易去除；但頑固的牙結石容易傷及牙齦，要請獸醫師清除。

耳朵的照顧

垂耳種的臘腸狗，耳朵容易積留耳垢或污物，滋生細菌或耳疥蟲，也會發出異臭，一旦疏於清理有形成外耳炎等危險。

所以，從出生一～二個月左右，就要仔細清理狗狗的耳朵。

飼主可以直接使用棉花棒，或以纏了紗布的鉗子，一手壓著狗狗的頭，小心地擦拭牠的耳朵。如果耳垢或分泌物過多，可用棉花棒沾取專用的耳朵清潔液，清潔的效果比較好。

像狗狗耳朵內側的皮膚比較敏感，若太用力擦拭或擦得太深入，都可能引起發炎，要特別小心。

此外，狗狗洗完澡之後，擦乾耳朵時也要很小心。先用毛巾擦拭牠的雙耳，去除多餘的水分。再用棉花棒或脫脂棉，小心地擦乾耳朵。

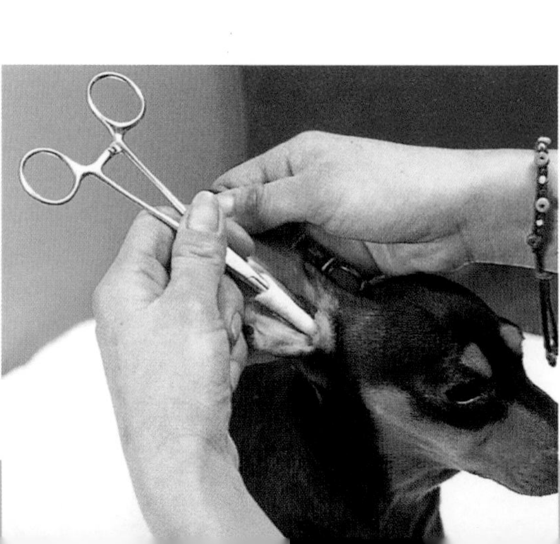

用棉花棒或纏上棉球的鉗子，輕輕擦拭耳朵。

為了加強人狗間的信賴關係，也為了狗狗的健康與美觀，每天的清理和照顧十分重要。

像垂耳種的臘腸狗，要特別留意牠的耳朵；如有耳垢發黑、發出異味或耳朵內部糜爛的現象，必須立即帶去給獸醫診治。

清潔耳朵的方法

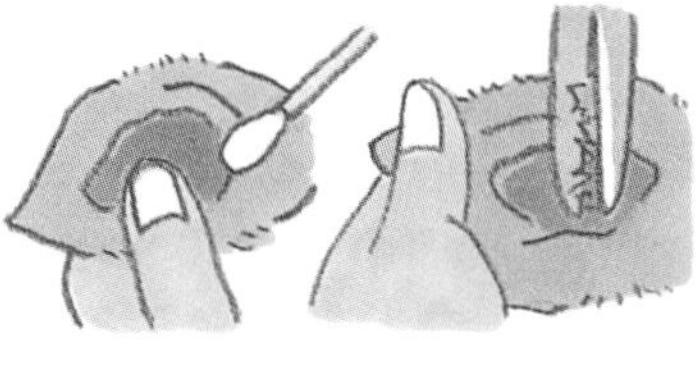

用棉花棒沾取耳朵清潔液，清除耳內的污垢。

用剪刀剪掉或用手拔掉內側的雜毛。

眼睛的照顧

臘腸狗的眼眸應該是清亮有神，要經常清潔牠的眼睛周圍。

如果有眼屎，用紗布沾些溫水輕輕擦掉即可。

萬一有異物跑進眼睛，點些眼藥水，把異物沖到一邊，再以乾淨的紗布擦掉。

飼主若沒有常常清理狗狗的眼等分泌物，會導致眼部的疾病；萬一眼屎過多，還是找獸醫檢查一下比較放心。

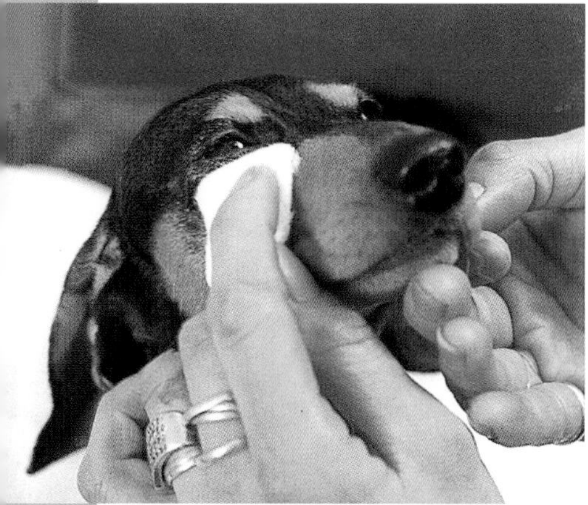

用溫潤的紗布擦拭眼睛週遭。

爪子的照顧

臘腸狗的爪子幾乎都是黑色，看不到裡面的血管分布，所以剪的時候，不要剪太多。

再者，洗完澡之後的爪子會變軟，比較容易剪。

從幼犬出生二十天以後，就要養成剪爪子的習慣。當爪子變成弓形，或狗狗散步或走在地板上發出喀喀的聲音時，表示爪子過長該剪一剪了。

致於爪子正確的剪法，可參考下一頁的圖示。重點是要小心，且動作要快一些；萬一不注意剪太多了，擦上止血粉即可，不必擔心。

體毛的照顧

臘腸狗的體毛依其三大毛種的差異，而有不同的照顧方

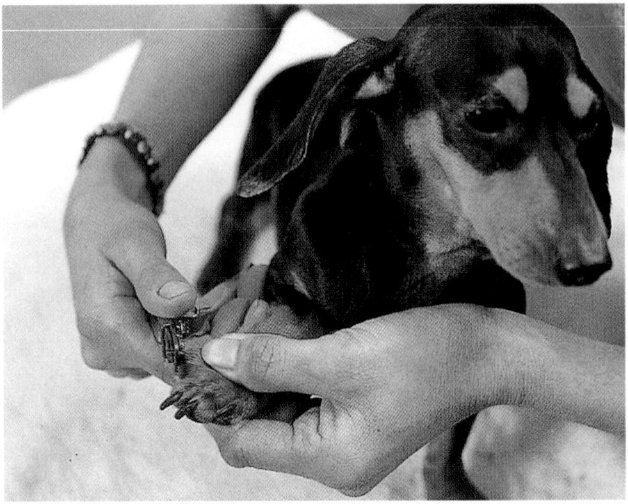

定期修剪爪子，但不可剪太多。

爪子的剪法

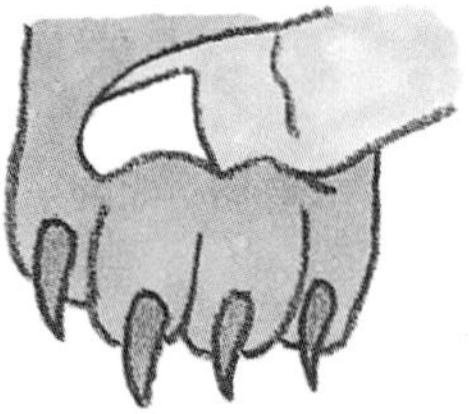

用拇指和食指抓著爪子加以固定。

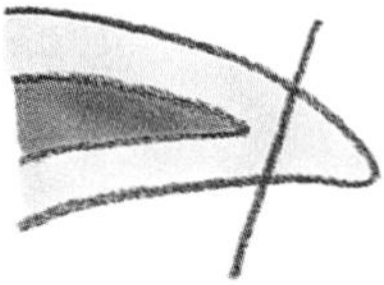

用狗狗專用的指甲刀垂直朝爪子剪下去。

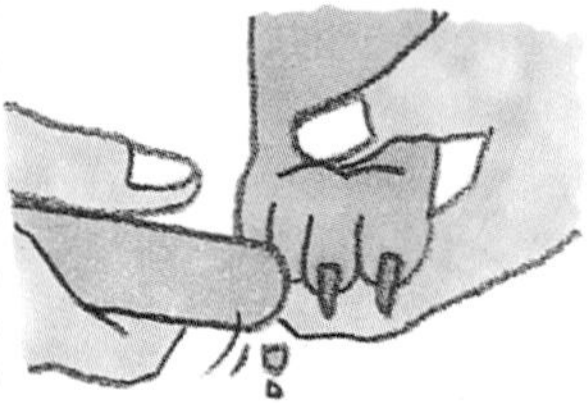

剪完之後用銼刀修飾一下。

式。但在各式各樣的照顧方法中，愛犬的健康管理以及牠和主人間的親密度，也是不容忽視的重點。

「刷理皮毛」可說是照顧狗狗體毛的根本步驟。飼主每一天都應該爲狗狗刷一刷毛、擦一擦毛，清除身上的污垢，刺激皮膚的再生，促進血液的循環。同時可以去除多餘的死毛，維持狗狗的健康。長久下來，狗狗的毛會越來越有光澤，也不會再有脫落的毛髮弄髒室內的情形。經由每天與愛犬的近距離接觸，還能及早發現狗狗有無皮膚病，或整個體毛的狀態。

刷毛不僅是飼主每天必做的功課，還能從中增加人狗間的信賴關係與主從關係。

長毛種和剛毛種

耳朵四周的剪法

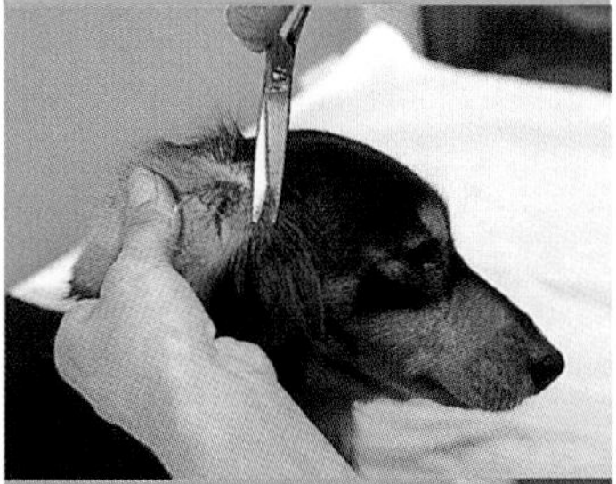

垂耳種臘腸狗的耳朵照顧格外重要，須翻開耳朵，剪掉耳洞內側的雜毛。

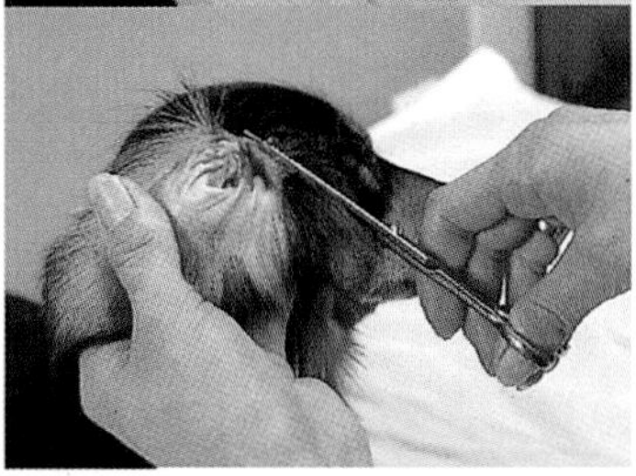

臘腸狗的魅力之一，就是那對大垂耳，須仔細修剪週遭的雜毛。

短毛種和長毛種

鬍鬚的剪法

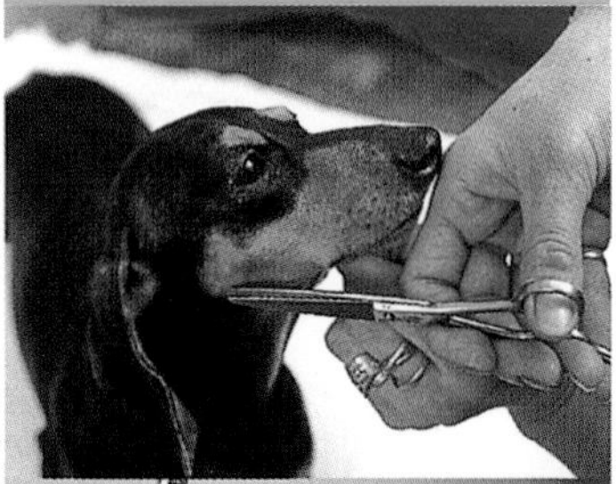

仔細修剪短毛種或長毛種的鬍鬚，才能展現牠那立體的五官及模樣。

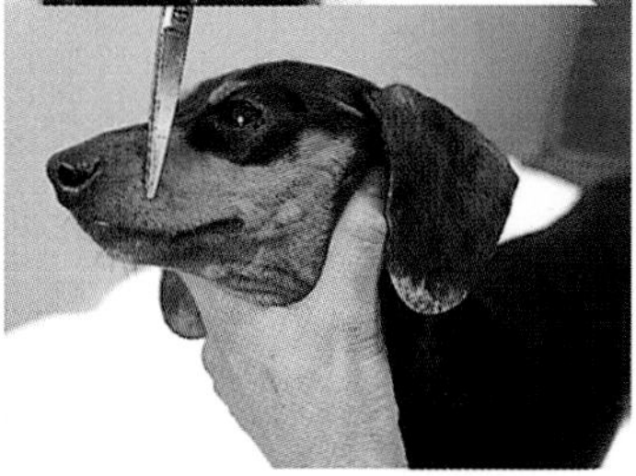

修剪眉毛或嘴邊的鬢毛時，剪刀末端對著鼻子比較方便。

脖子四周的剪法

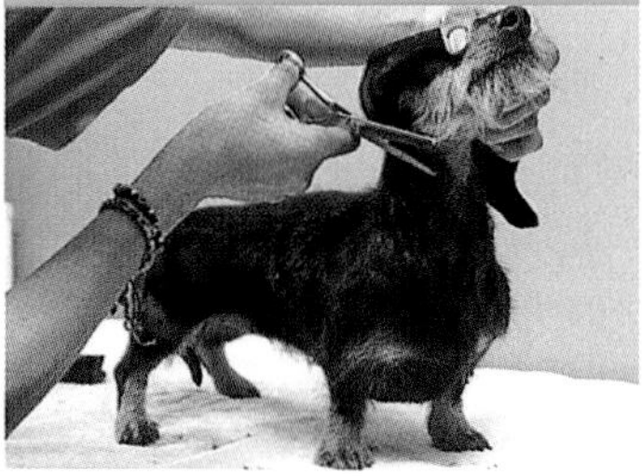

拉起狗狗的脖子，從耳朵以下自然修剪出線條。

屁股四周的剪法

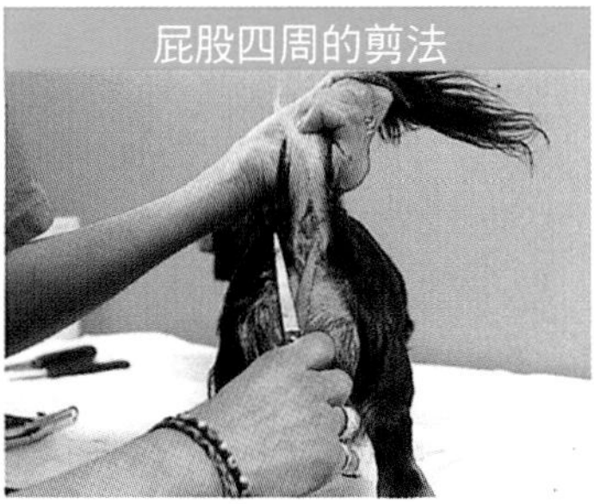

肛門四周的長毛會影響排便，記得小心地修剪。

尾巴的剪法

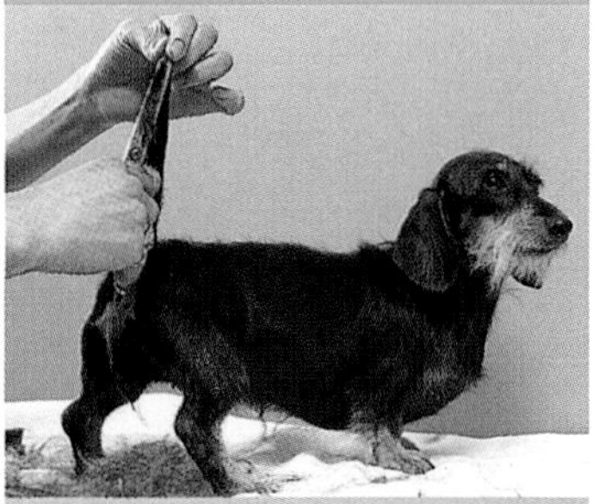

尾巴或後腳的長毛都會妨礙排便，可將尾巴豎起比較好剪。

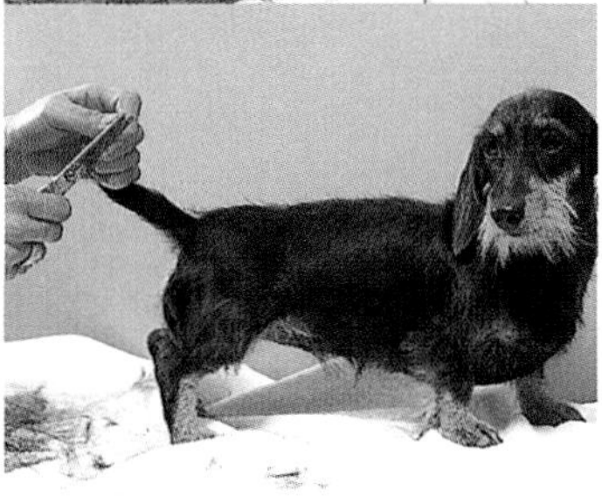

尾巴的末端也要仔細地剪乾淨。

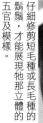

刷毛與梳毛

短毛種的刷毛法

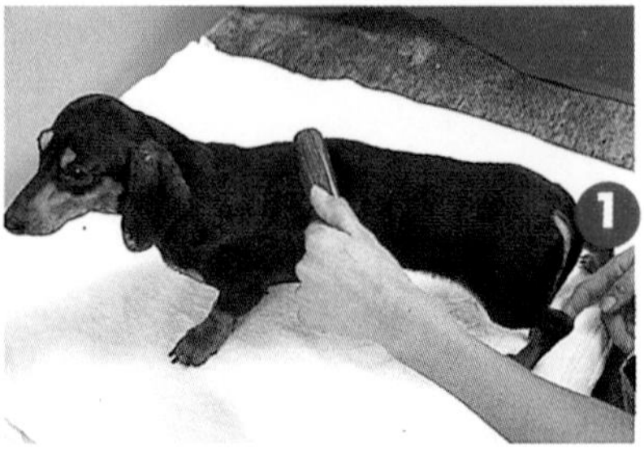

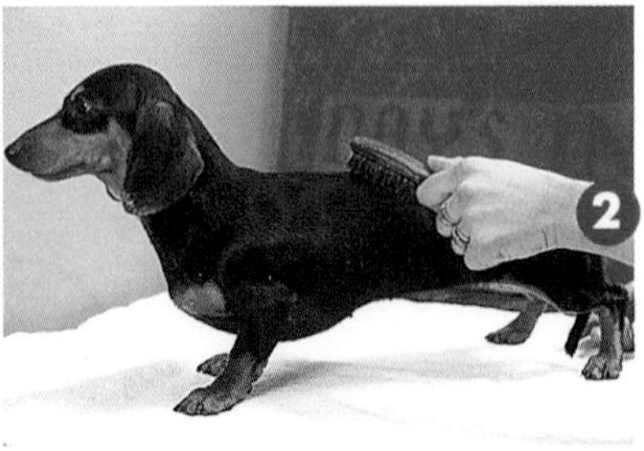

用較硬的豬鬃刷，依毛的生長方向反過來刷幾次，再由上到下、由頭到尾順著毛海生長方向刷出光澤感。

長毛種的梳毛法

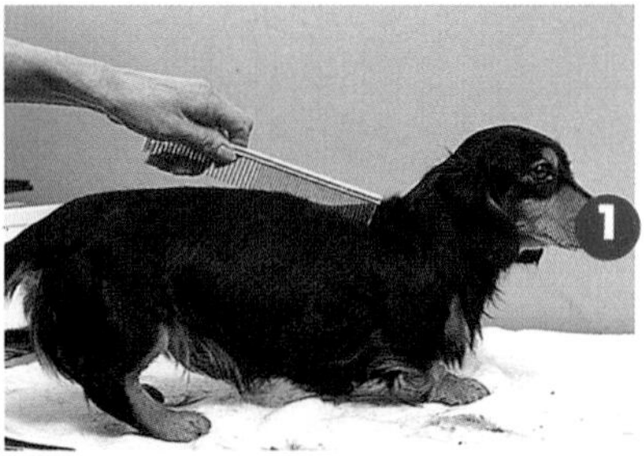

長毛種易長毛球，要用指尖或梳子輕輕梳開打結的體毛。

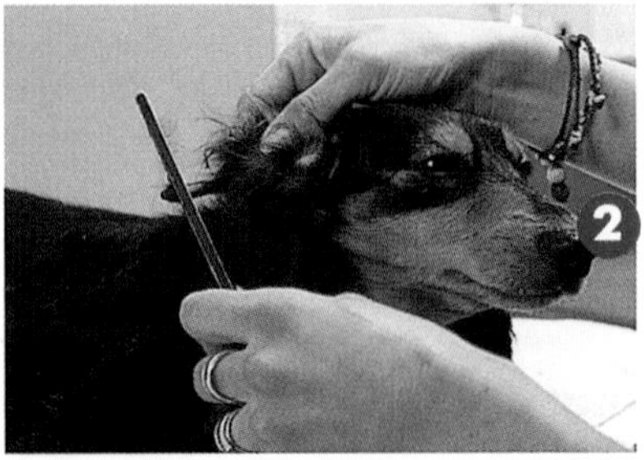

像耳朵、背部、腹部、前腳後側、胸部、尾巴等特長的毛海，要用手抓起來小心地梳理。

三大毛種不同的刷毛及梳毛法

臘腸狗依其毛種的差異，不論是刷毛、梳毛方法或使用的刷子或梳子，多少都有不同。

短毛種臘腸狗適合用橡膠刷或較硬的豬鬃刷，依毛的生長方向反過來刷幾次，等刷出身上的死毛、皮屑或污垢後，再順著毛的生長方向刷幾次。最後用手套或擰乾的毛巾擦拭身體即可。

長毛種臘腸狗則適合針齒刷或柔軟的獸毛刷。因體毛較長容易長毛球，先用手小心地撥開毛球，再以中齒梳梳整齊，最後用細齒梳全部梳理一遍。

至於剛毛種的臘腸狗，可用針梳或較硬的豬鬃刷修整體毛，再以中齒梳沿著毛梳理，為狗狗刷毛是基本的照顧方法。透過梳毛的動作，可刺激狗狗皮膚，促進血液循環，整理出美麗的體毛。

長毛種的刷毛法

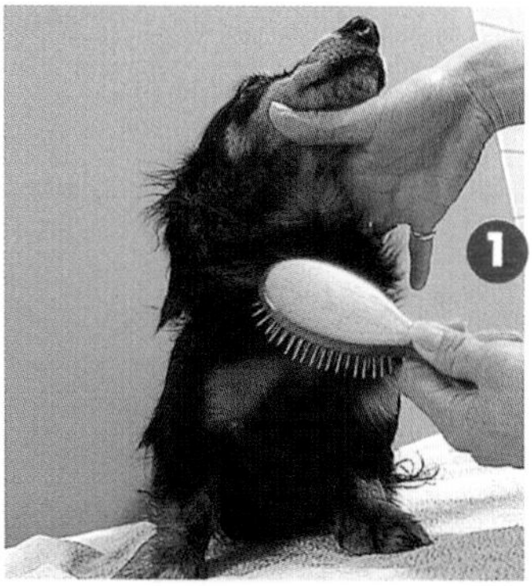

右手撐住狗狗的頭部，從上往下仔細地刷脖子、胸部和前腳的長毛。

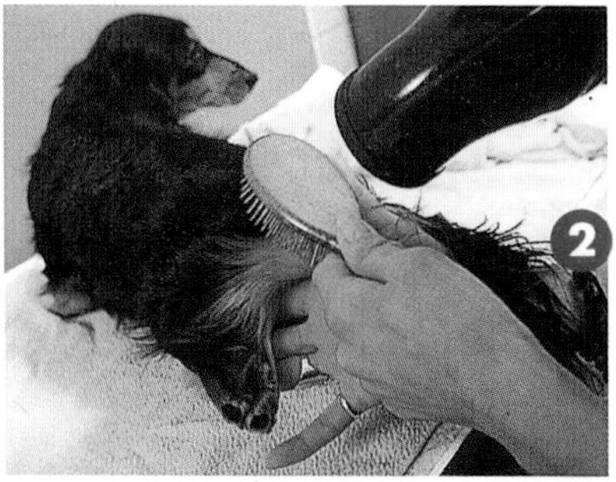

拉高尾巴，由內而外刷開屁股和後腳內側的長毛。

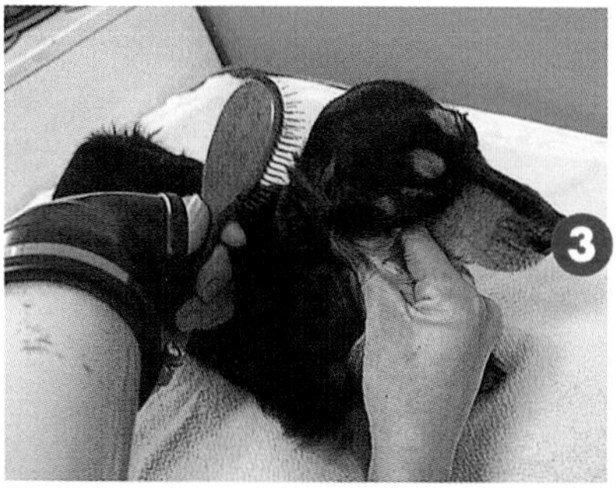

從上到下按摩式地從頭部刷到背部；耳朵要從根部刷向末端。

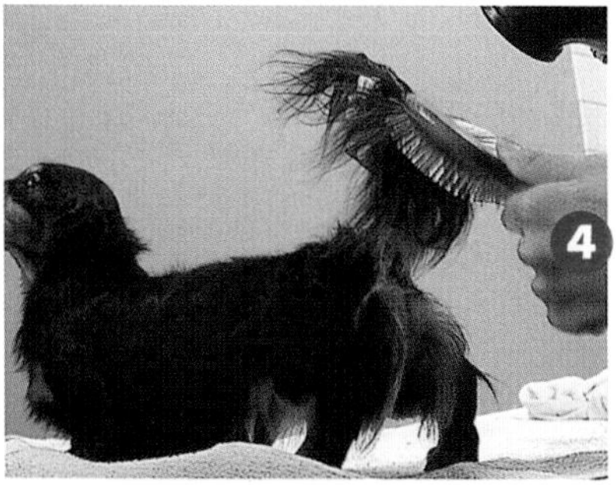

尾巴拉高與身體成垂直，尾巴外側由根部刷向末端，內側由末端刷向根部。

去除多餘的雜毛。

特別是剛毛種和長毛種臘腸狗，毛經修剪後一定要再刷過與梳理，才能整理出美麗的外觀，呈現均衡的整體美。

爲狗狗整理時，可利用較高的平台，讓牠或站或躺於台上比較方便。作業平台或整理用的各種工具，要經常清理保持乾淨。

狗狗一年換兩次毛

在冬毛脫落的晚春時節，以及為了禦寒而體毛叢生的秋天，是狗狗一年兩次的換毛期。

這時可用針梳或粗齒梳清除體表的雜毛；若置之不理，會讓狗狗產生皮膚病。

每天為狗狗刷毛，不僅可幫牠清除多餘的體毛，讓毛海生長方向更順暢，還能維護狗狗身體的健康呢！

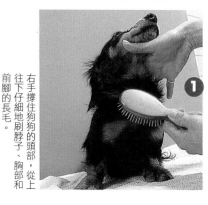

長毛種的刷毛法

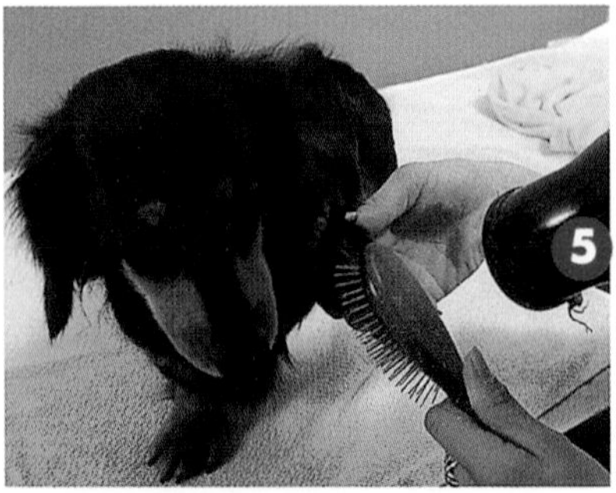

抬起狗狗後腳，用針齒刷沿著毛海生長方向，從上面刷到腳尖。

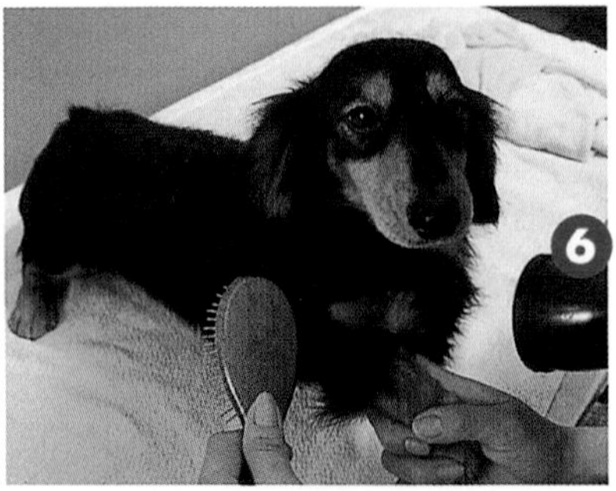

再抬起前腳，如同後腳般，從上面刷到腳尖。

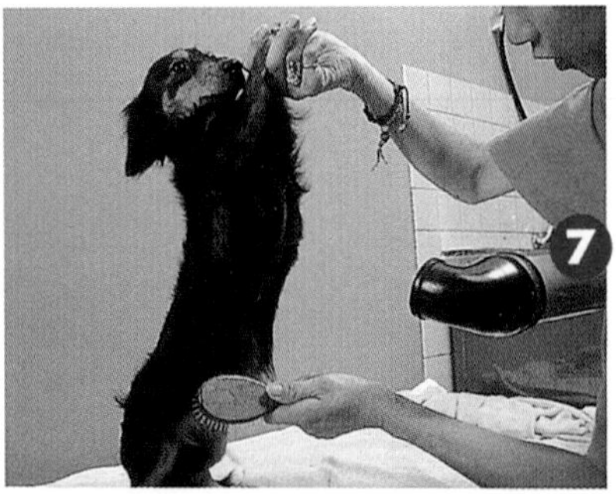

抓起兩條前腳，由上往下刷肚子和腋下的毛海；動作要快，免得狗狗太累。

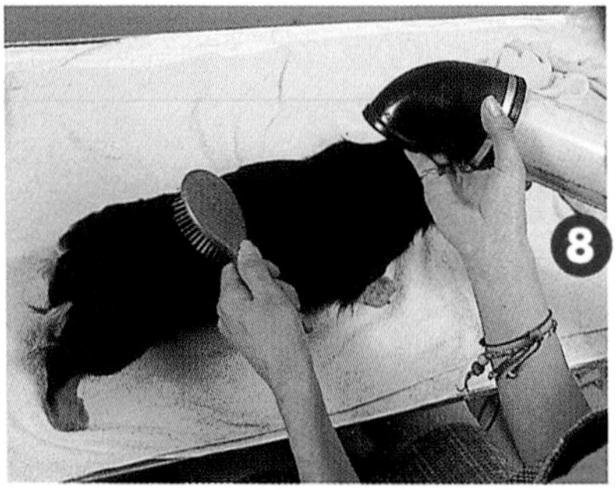

最後再從頭到尾，依毛海生長方向，仔細地刷一次。

剛毛種的刷毛法

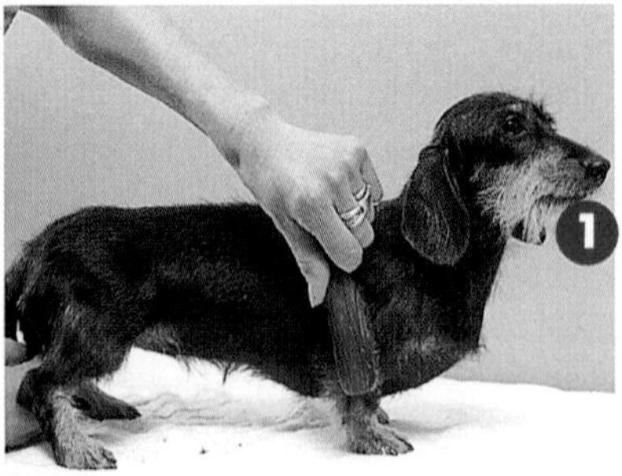

梳理皮毛是剛毛種每天不可缺的功課。

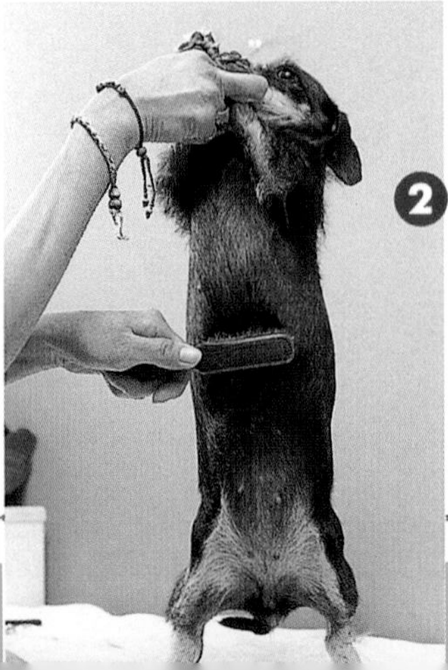

先用梳子清除多餘的毛，順便幫牠做按摩。

剛毛種的梳毛法

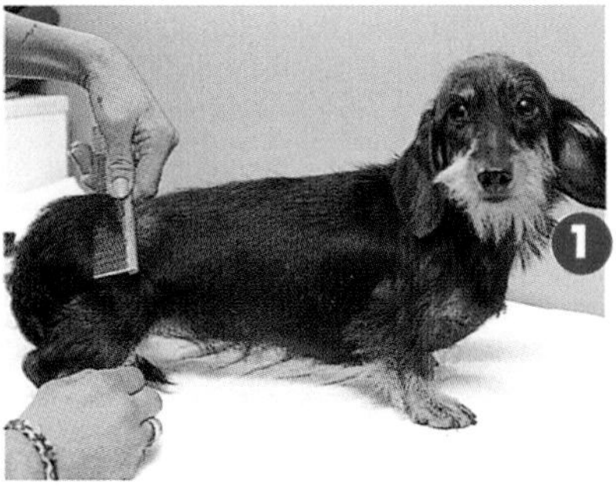

先刷一刷身體，再用梳子整理毛；此時梳子和毛成垂直。

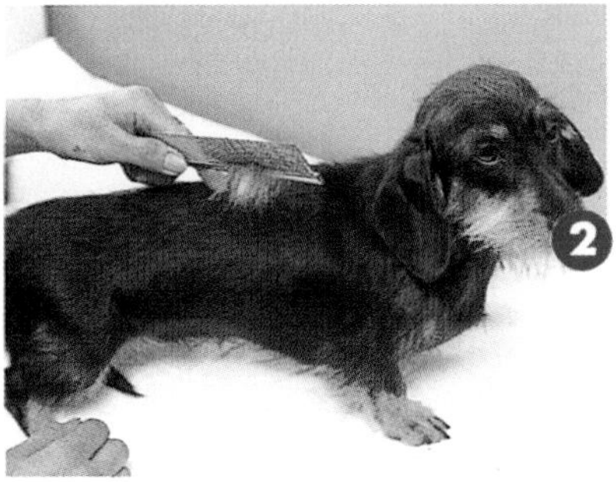

清除內層的雜毛。

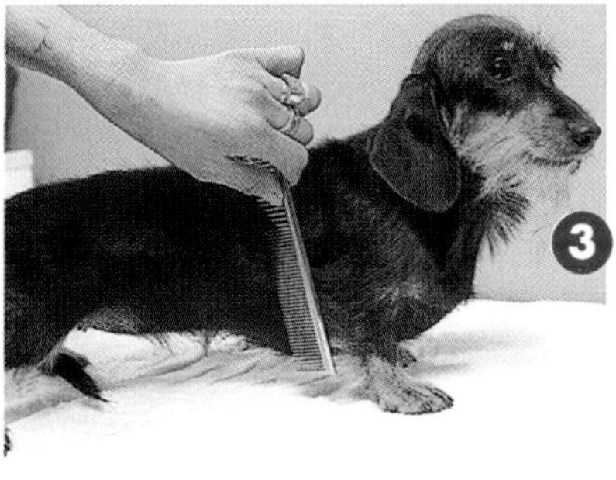

再梳理前後腳與側腹，動作要輕一點，從上往下梳開。

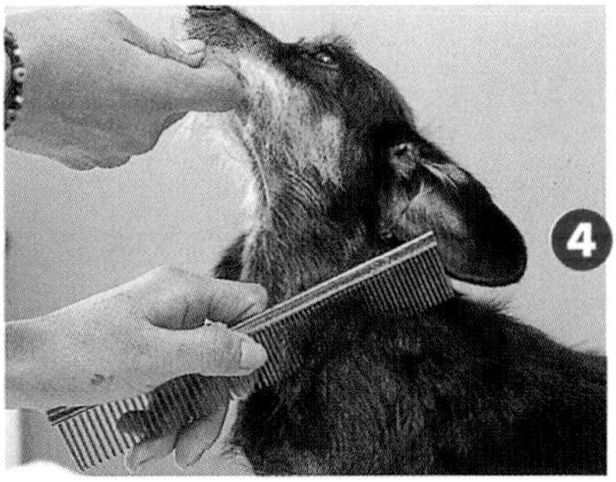

抬起狗狗下顎，梳理胸前的毛；腳和尾巴的毛也要梳開。

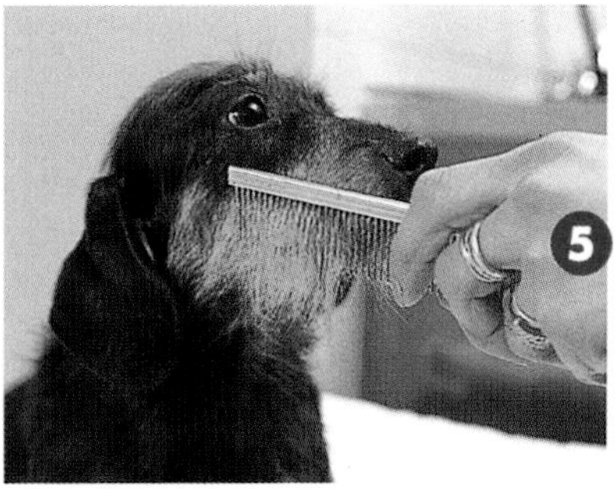

鬍鬚要用較寬的齒梳；這時一手抓著牠的臉，從上往下小心梳開。

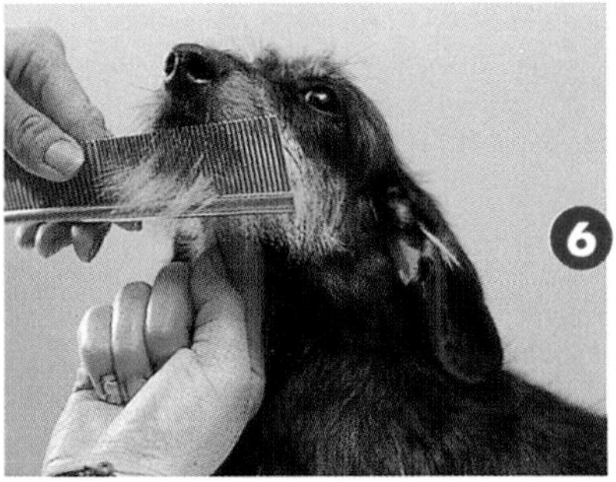

抬起狗狗下顎，從脖子向下顎梳理顎鬚。

洗澡的方法

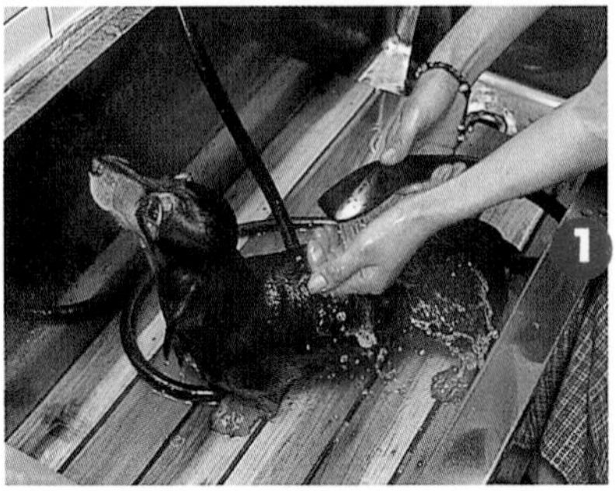

以約為人體體溫（35～37℃）的溫水，邊沖邊按摩狗狗全身；可先沖雙腳或腹部。

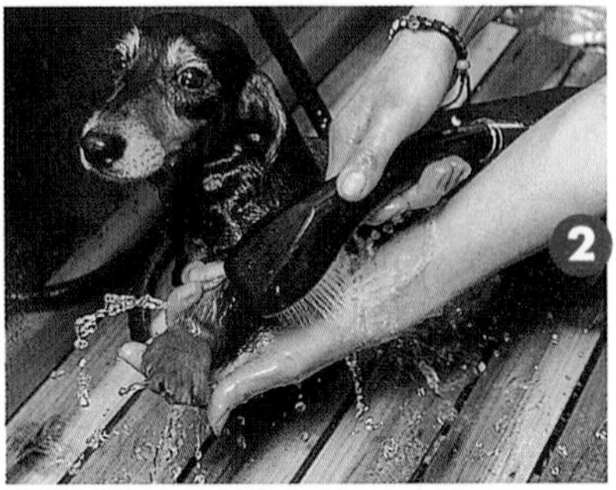

狗狗的臉和耳朵也要打濕，前後腳沖久一些，清除趾頭裡的污垢。

把適合不同毛種的洗毛精，均勻地倒在狗狗身上。

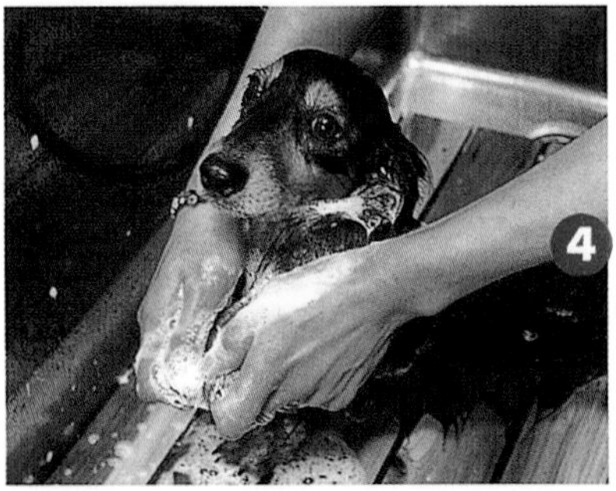

照順序從脖子、背部、胸部、腹部和腳按摩般地清洗，腳趾頭也要洗乾淨。

洗澡時要準備的東西

洗澡、潤毛、以毛巾擦乾、用吹風機吹乾——這一連串作業稱爲狗狗的「基本保養」；透過這種「保養」可以清除牠身上的雜毛或污垢，保有健康美麗的毛色，並可去除身上的異味。

雖說臘腸狗算是較沒有體味的狗狗，但還是要一個月洗一～二次澡比較衛生。

像短毛種和剛毛種臘腸狗，大概每天刷完毛後，用擰乾的毛巾仔細擦拭污垢即可；但一個月洗一次澡更好。

而長毛種臘腸狗最好一個月洗一～二次，還要潤絲喔！

進行「基本保養」之前，最好把所需的東西，像洗毛精、潤絲精、針齒刷、梳子、毛巾或吹風機等通通準備好，才能一氣呵成。

洗澡之前先幫狗狗刷毛和梳毛；洗澡時動作要快要輕，而且一定要洗乾淨。

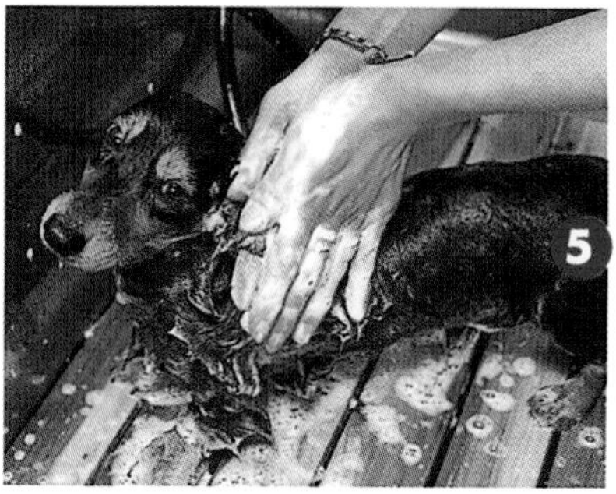

雙手合起狗狗雙耳再搓洗沖水，以免水跑進耳朵裡面。

雙手捧著狗狗的臉，輕輕地搓洗，注意洗髮精不能跑進牠的眼睛。

像尾巴、屁股周圍或腋下都特別髒，一定要仔細清洗。

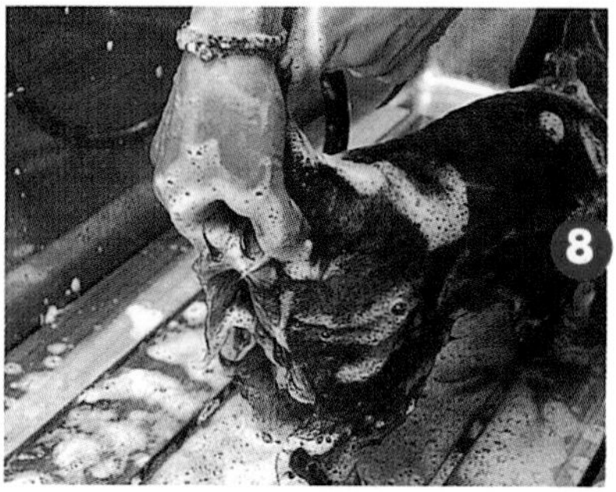

抓起狗狗尾巴，用拇指和食指擠出肛門線內的臭液，再仔細沖乾淨。

洗澡時的注意事項

等狗狗的毛整個被刷過、梳過，打結的毛或毛球通通梳開後，再來洗澡。因爲打結的毛或毛球一旦弄濕，就會結成硬塊，只能從根部剪掉，要特別注意。

像有些幼犬很怕洗澡，可在牠的眼睛點上眼藥膏，耳朵塞進棉花，防止水跑到眼睛或耳朵裡，消除牠的恐懼感。

洗澡之前就要把所有的東西準備完全，留意水溫或狗狗的身體狀況。約爲人體體溫（35～37℃）的溫水，會是狗狗的最愛。先從離臉最遠的腳或腹部開始沖起，直到狗狗適應水溫爲止。

記得一開始洗澡後，直到最後的作業一定要一氣呵成，以免事倍功半。

洗澡的方法

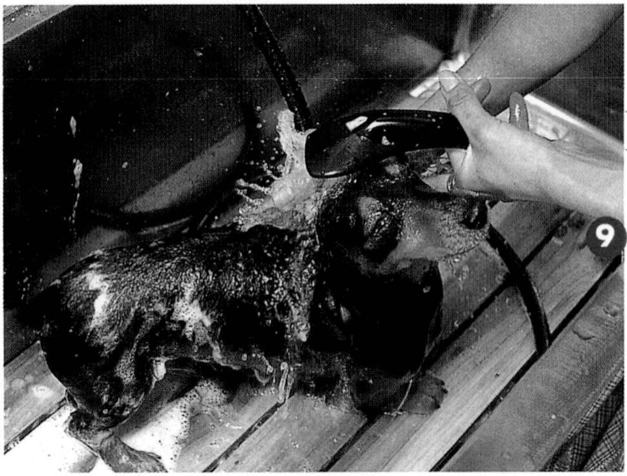

用蓮蓬頭邊按摩邊沖洗狗狗身上的泡沫，一定要沖乾淨。

沖臉、眼、耳的時候要特別小心，最後從脖子沖到腳底。

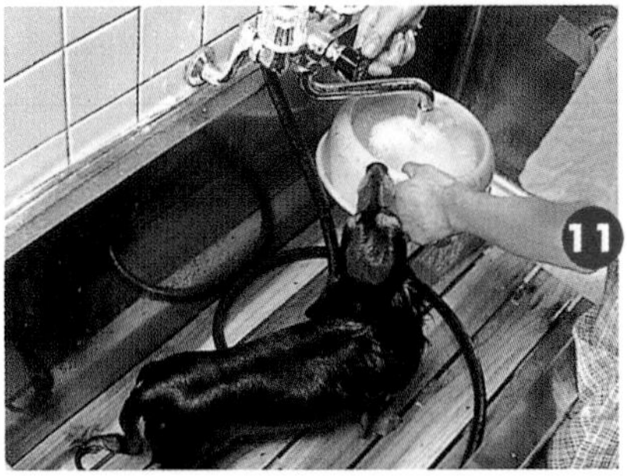

長毛種在洗完後，還要潤絲；潤絲精稀釋再用。

把潤絲精倒在脖子、背、腳和尾巴，用手搓揉全身。

甚麼時候不宜洗澡？

每天幫狗狗刷毛、梳毛，可以掌握牠的健康狀態；若發現牠的眼、耳或皮膚出現異常、食慾不振、發燒、下痢的話，都不宜洗澡。

此外，出生未滿三個月抵抗力差的幼犬，發情、懷孕或生完未滿兩個月的母狗，都應該等身體狀況好轉再幫牠洗澡。

洗澡可以促進狗狗的健康，但是澡洗得太多，反而會傷及牠的毛海光澤或皮膚，不可不慎。

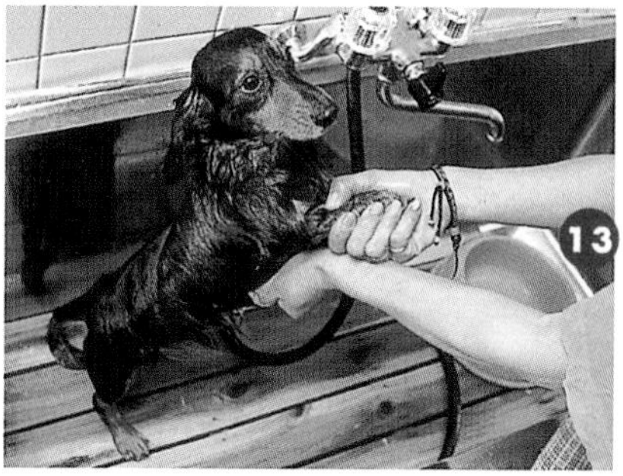

潤絲後不要沖掉，用手擰乾身體，尤其是腳尖等部位更要弄乾。

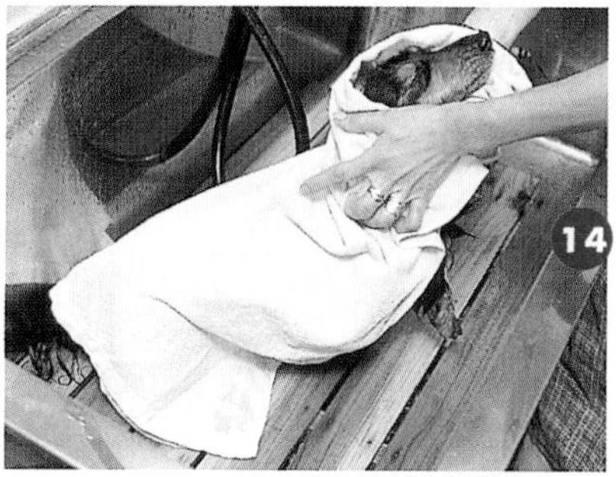

等狗狗自己甩乾身體後，用乾布包裹全身充分擦乾。

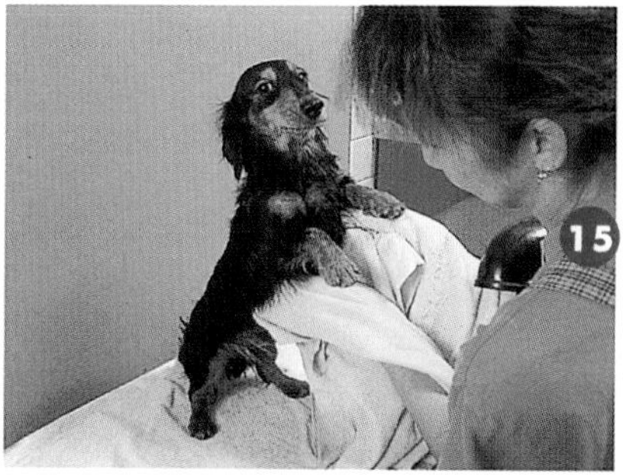

像耳朵、尾巴或腳尖容易殘留水分，一定要仔細擦乾。

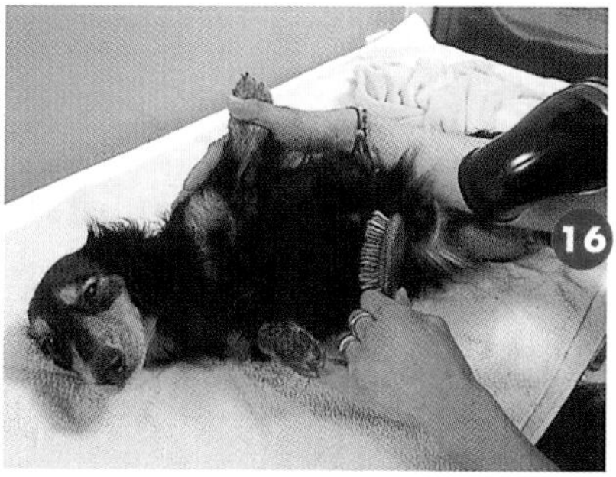

使用吹風機配合刷子或粗齒梳，幫狗狗吹乾與按摩。

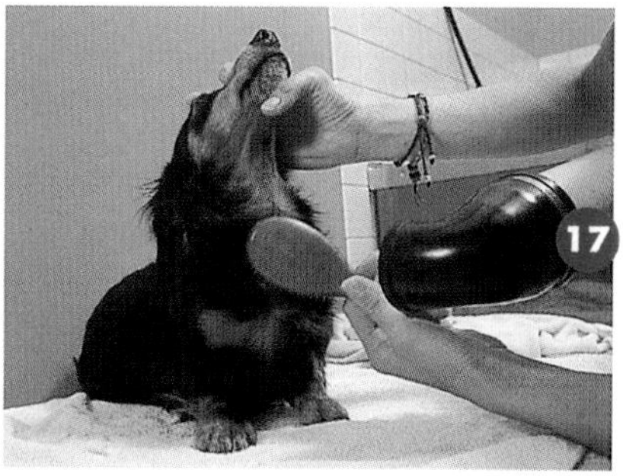

依順序由腹部、胸部、前腳、背部、屁股、後腳、尾巴吹乾。

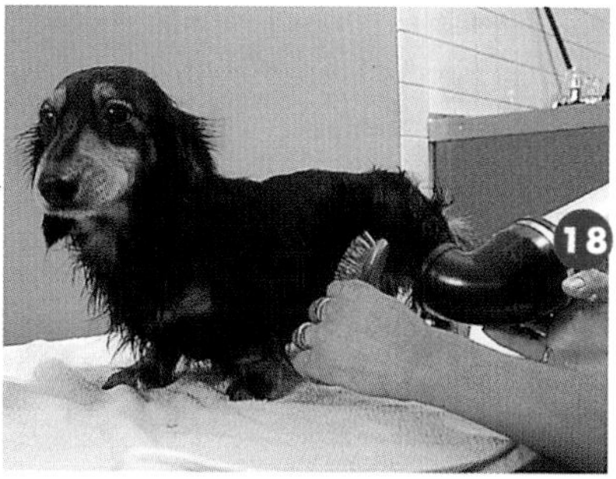

再吹乾頭部、耳朵、尾巴和腳尖，梳整毛海理出漂亮的線條。

修整皮毛的方法

整理毛海的用具

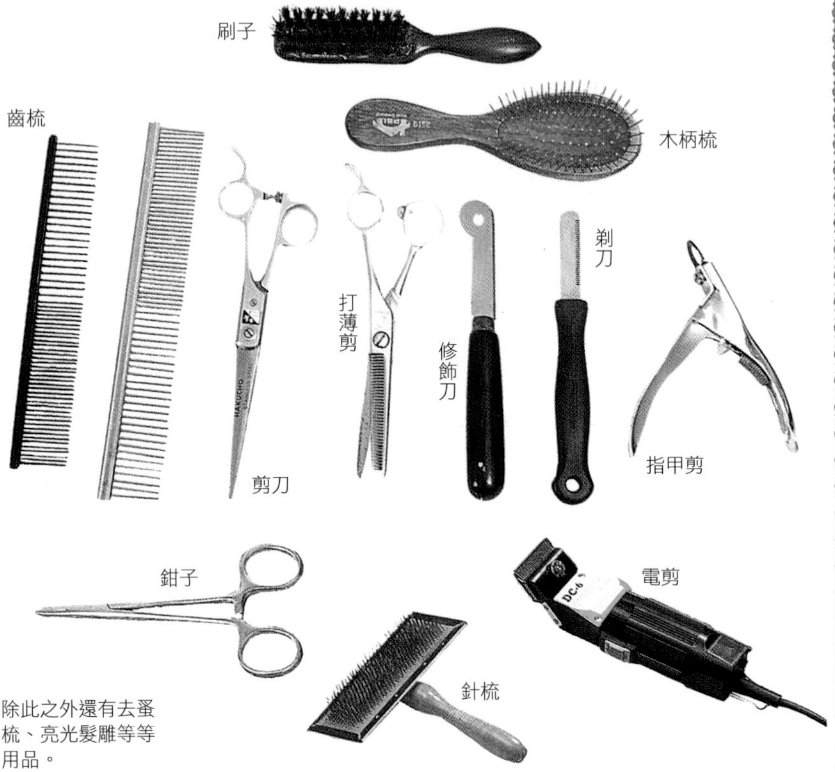

除此之外還有去蚤梳、亮光髮雕等等用品。

三大毛種的理毛法——短毛和長毛

臘腸狗三大毛種的理毛法各有不同，但是基本的注意事項都一樣。

首先第一個注意事項是，在修剪之前先刷毛和梳毛。不過究竟要先洗澡，或者是先理毛，要依狗狗的毛種來決定。

第二是使用剪刀之類的器具時要非常小心，而且這些器具需經常清洗，保持乾淨。

像狗狗的四肢周圍、臉或肛門一帶，剪毛時都要特別小心，並注意清潔。

長毛種的理毛方法，可參考下一頁開始之詳細說明；剪的時候，不要一下子剪太多。

狗狗有牠天生的美感與魅力，修剪時盡量維持自然的風貌，不要過於矯飾。

而短毛種的理毛方法，則

常幫狗狗清潔身體，並依不同毛種修整體毛，
可維持牠的健康，呈現獨特的魅力與個性。

長毛種的理毛法

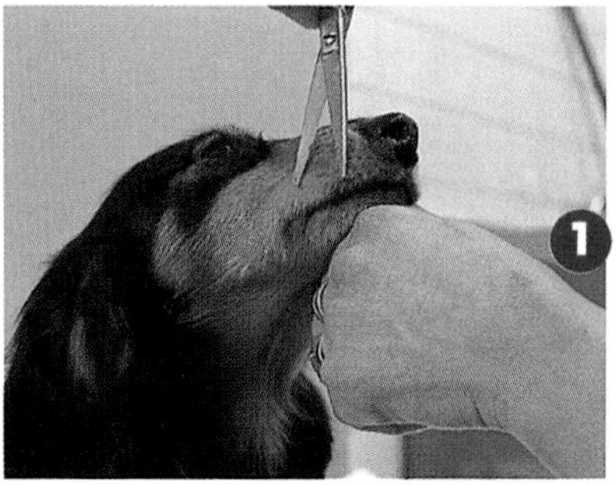

先梳開打結的體毛或毛球，剪掉嘴巴週遭的雜毛。

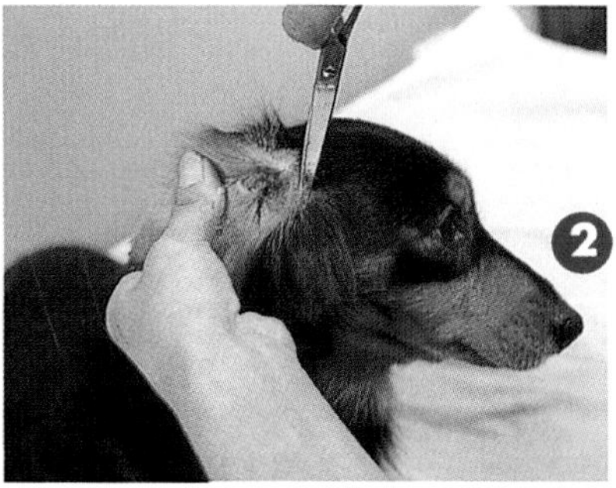

臘腸狗的垂耳是一大賣點，一定要仔細修剪耳洞四周的雜毛。

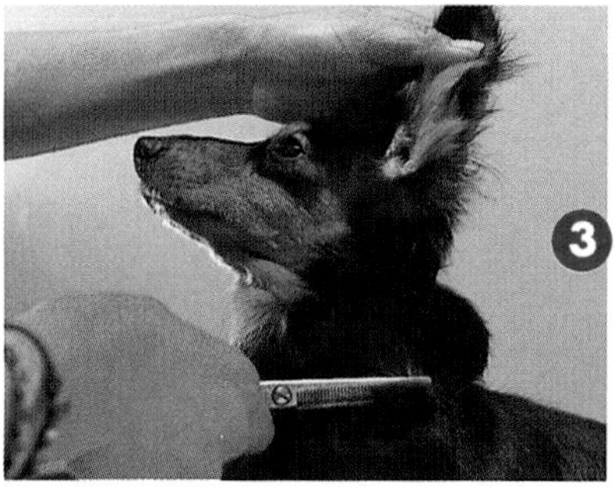

用打薄剪修剪耳朵的根部。

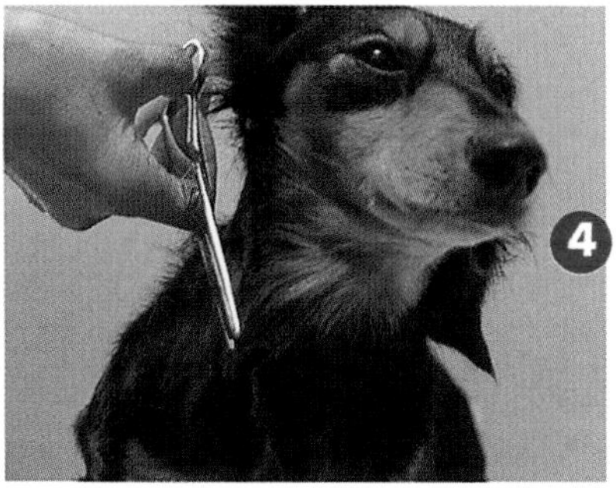

沿著脖子的線條修剪，注意不要弄傷狗狗。

以修剪臉部的鬍鬚和眉毛為重點（可參考一〇三頁）。

和其他的長毛種或剛毛種比起來，短毛種的修剪方法簡單多了；你也可以自己在家嘗試剪剪看！

應該先洗澡還是先剪毛？

臘腸狗依毛種的不同，加上剛毛種又依體毛的軟硬之別，在洗澡和剪毛順序上各有不同。

像長毛種在洗澡之前，應該先修剪鬍鬚、四肢和屁股四周，其他部位洗完再剪；但像剛毛種的話，洗澡之前先大略剪過，等洗完再整個仔細修剪。

長毛種的理毛法

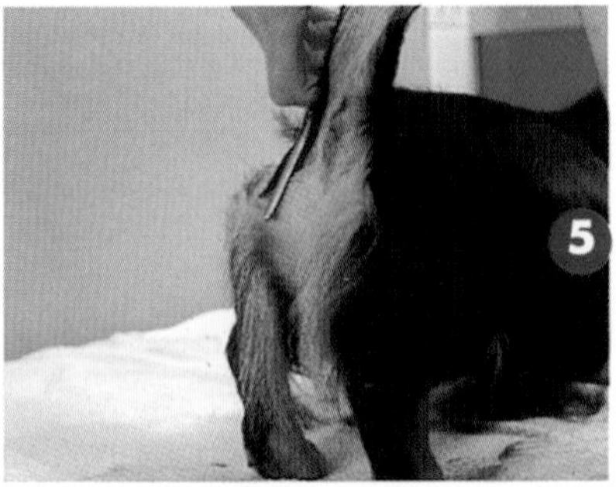

肛門四周的毛要剪短些，保持屁股的清潔，後腳的毛也要仔細修剪。

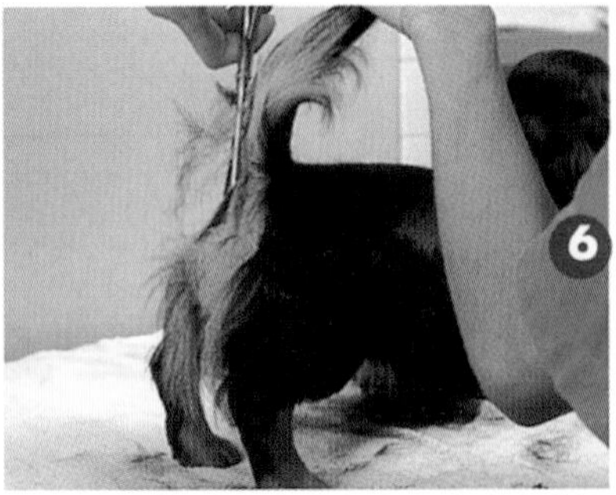

尾巴側面或靠近根部太長的毛，用打薄剪剪掉。

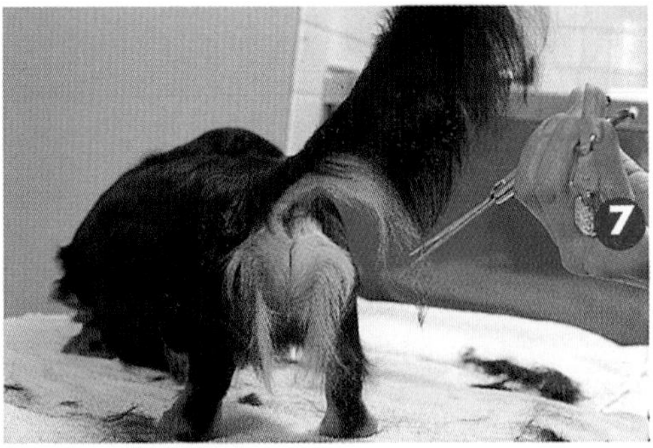

狗狗到了三歲左右體毛長短固定，可拉起尾巴修剪太長的雜毛。

肉墊裡的雜毛修剪法

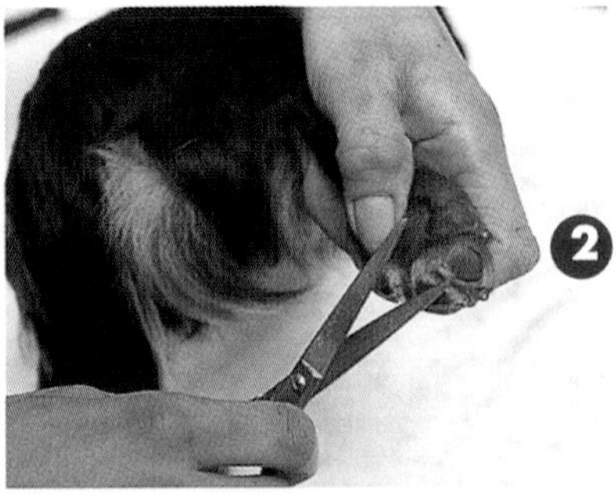

狗狗腳底的肉墊也會長出雜毛。可用剪刀修剪，或先拔除趾縫間的細毛再做修剪。

剛毛種的理毛法

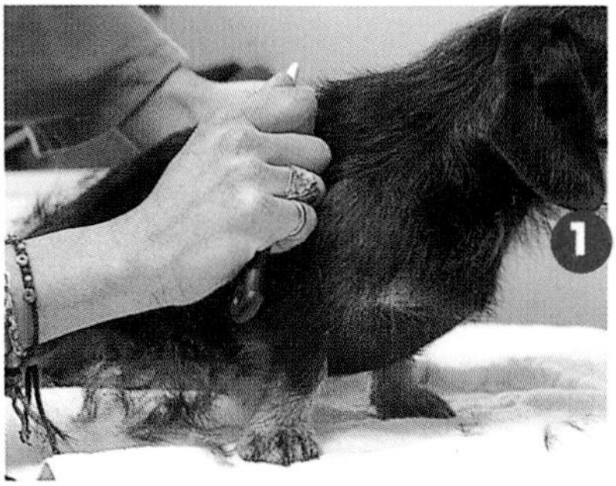

為使剛毛種的毛變硬，用理毛刀和拇指揪起體毛加以拔除。

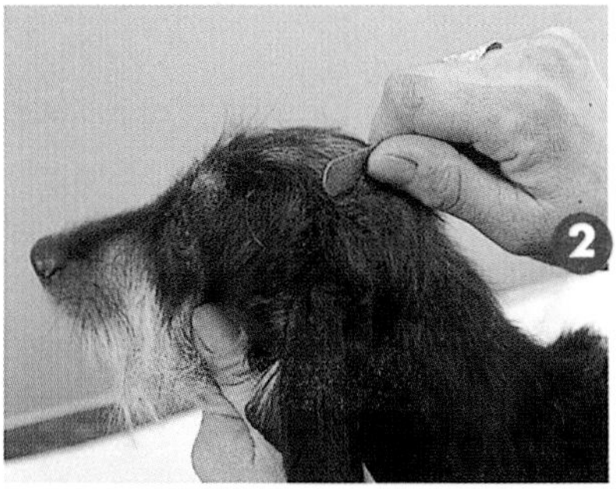

頭部也用理毛刀和拇指修整，去除多餘的雜毛。

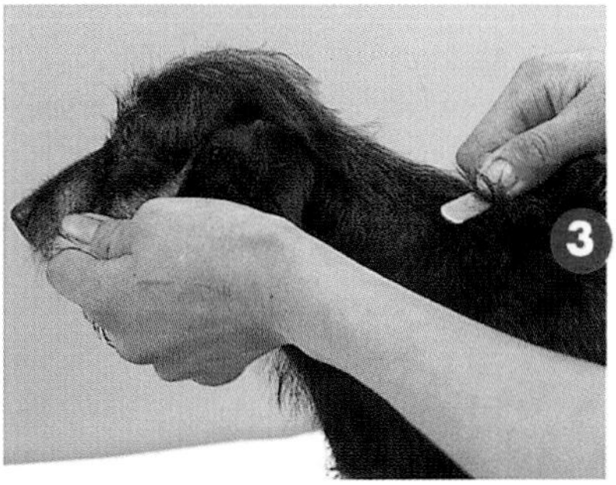

再用理毛刀和拇指拔除頸、肩、背或四肢的雜毛，做出漂亮的線條。

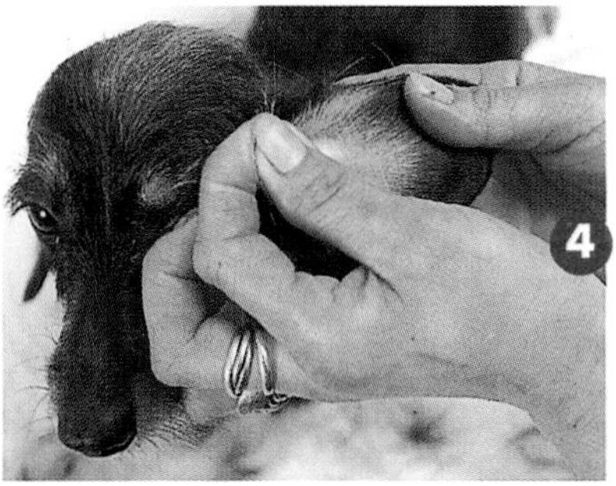

用拇指和食指拔除耳朵的雜毛，耳朵裡面也要清理。

剛毛種的理毛法

修整剛毛種的毛時，需要一些修飾上的技巧；例如，用理毛刀和拇指揪起毛加以拔除，或用拇指和食指拔除雜毛。

再者，即使是剛毛種還是會有一些柔軟的長毛，可用電剪或理髮推子，去除臉部週遭以外的全身體毛。

像這類的修剪作業，若在狗狗未習慣飼主的前提之下進行，對牠來說是相當大的心理負擔。

所以，飼主可能要選擇狗狗狀況不錯的時候，分好幾天修整皮毛，直到狗狗習慣爲止。

每天無微不至的關愛，用心修整牠的毛髮——這對狗狗而言，都是十分重要的事呢！

剛毛種的理毛法

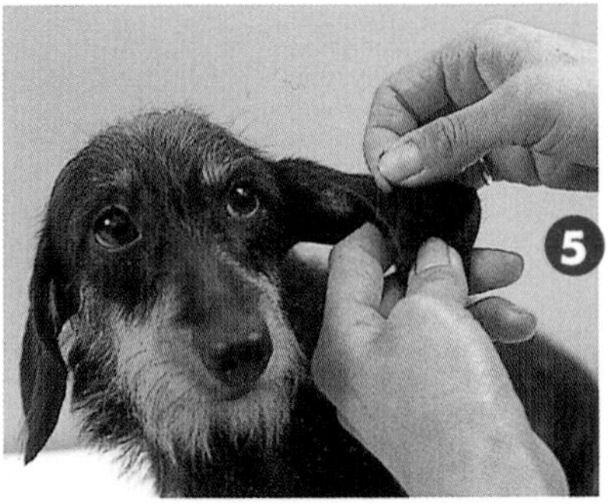

用拇指和食指拔除耳朵外側或周圍的雜毛，露出頭和耳朵的分界線。

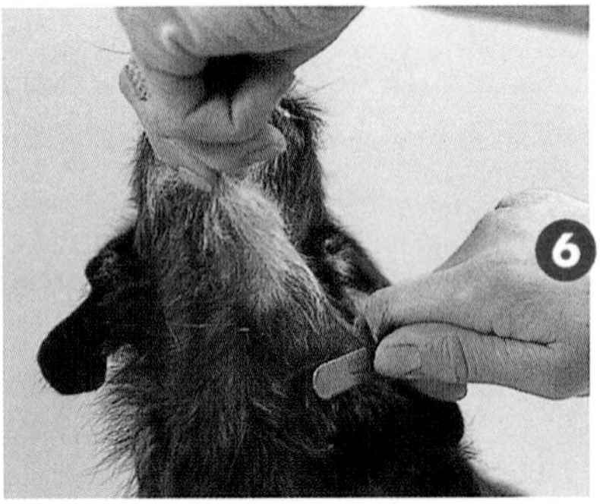

用理毛刀和拇指修整脖子和胸部的線條。

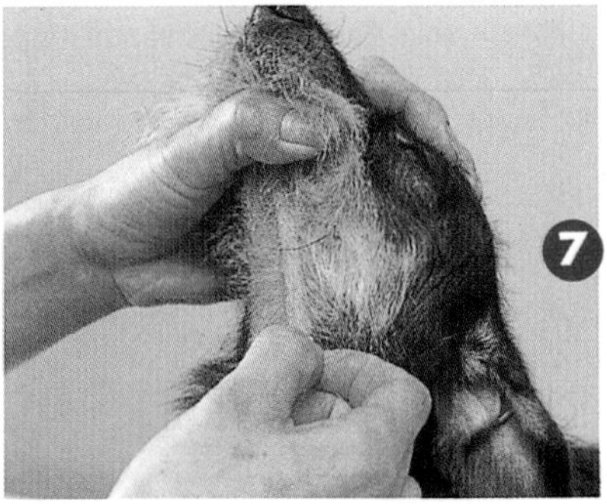

像脖子或胸部等微細的部位或線條，可用拇指和食指拔除多餘的雜毛。

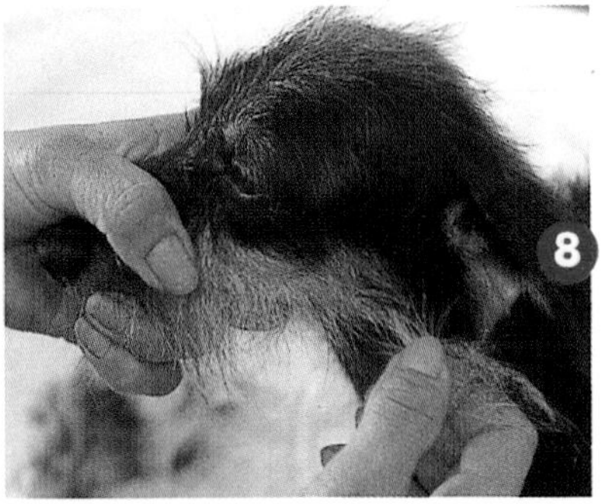

一手抓著嘴巴，用拇指和食指從上往下拔除雜毛。

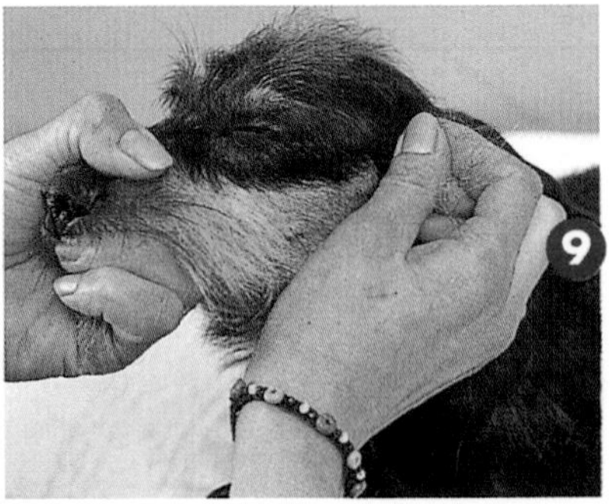

像臉部的眉毛、眼睛下面、臉頰或鼻樑等細毛，也要小心拔除。

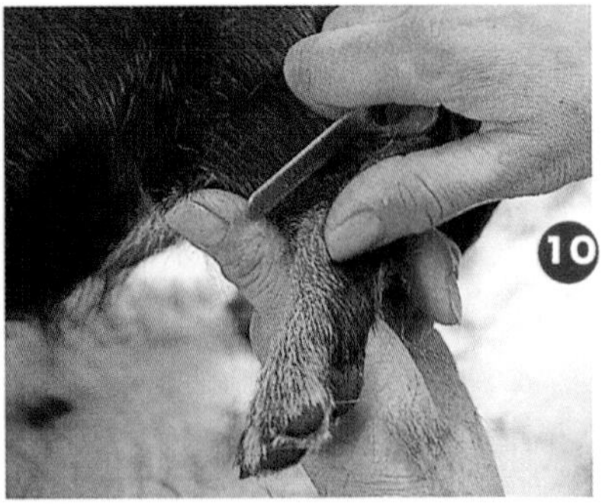

前腳和後腳用理毛刀比較好整理。

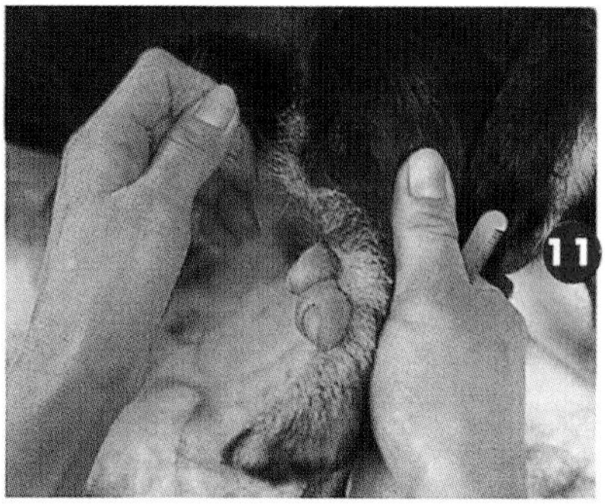

腋下或大腿下面的內側，也用理毛刀和拇指修整。

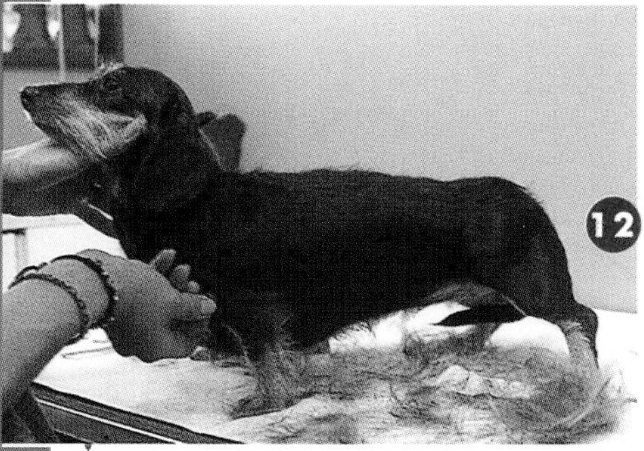

用手輕輕拔除前腳的細毛。

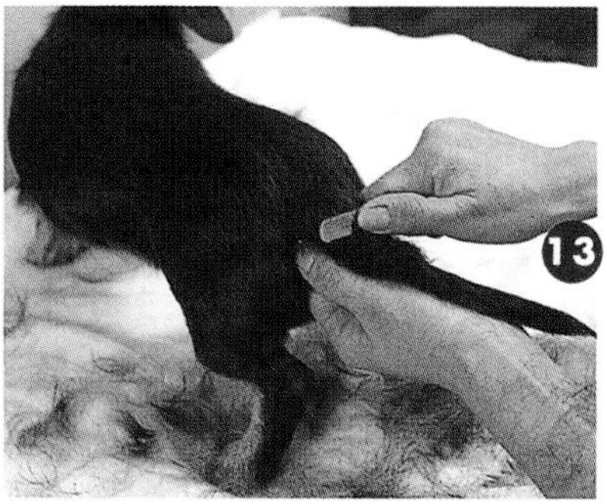

用理毛刀從尾巴根部往末端刮除表面的雜毛。

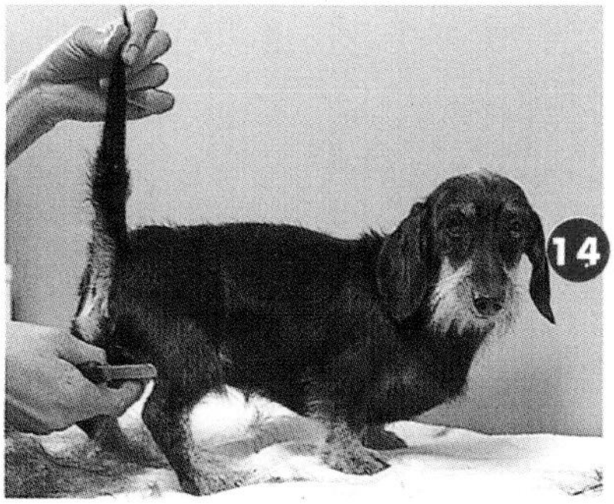

屁股周圍要小心地刮乾淨，保持清潔。

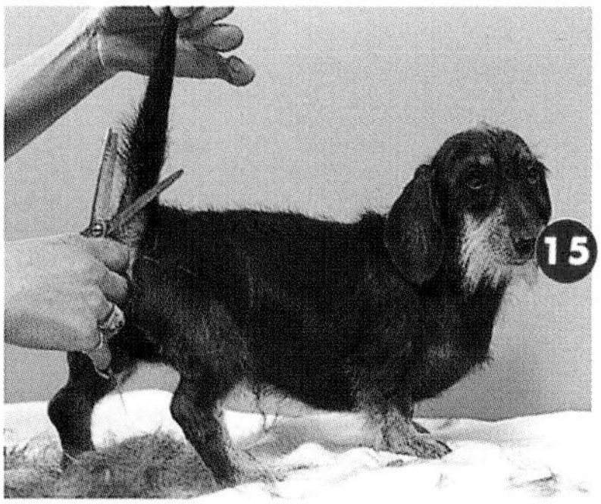

抓起尾巴，用剪刀剪掉尾巴內側多餘的雜毛。

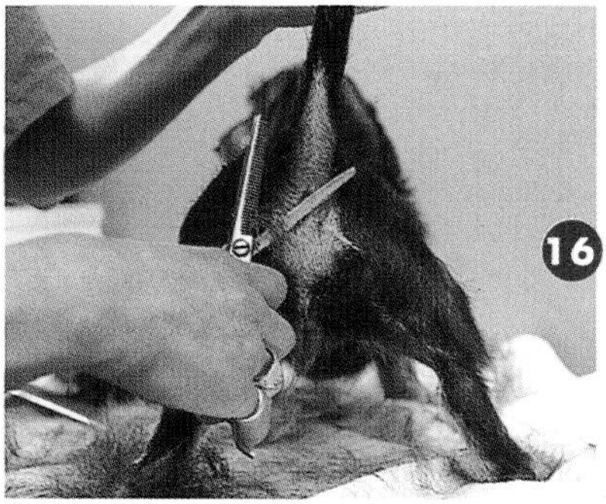

屁股周圍也用打薄剪剪掉多餘的雜毛。

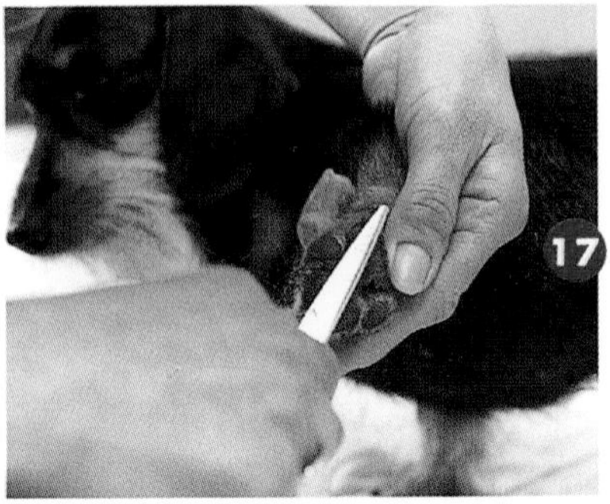

用剪刀剪掉肉墊中的雜毛。

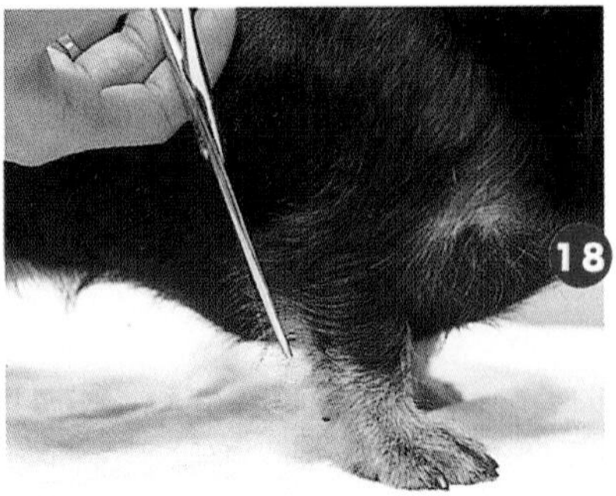

前腳、後腳周圍的雜毛也要剪掉。

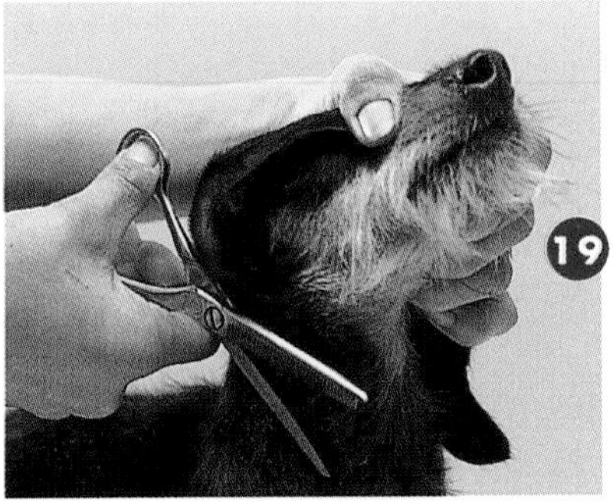

臉部周圍和脖子旁邊，也用剪刀仔細地修剪。

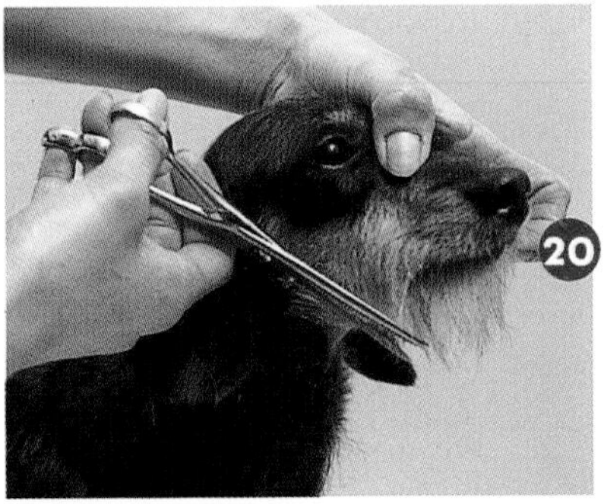

修剪鬍鬚時要特別當心，以免破壞剛毛種的最大特色。

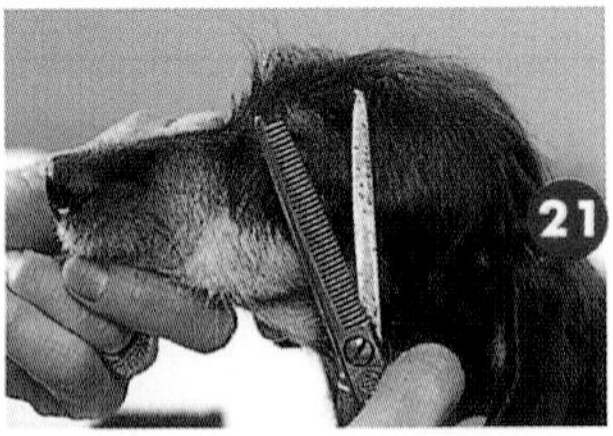

眼睛周圍和眉毛也要記得剪。

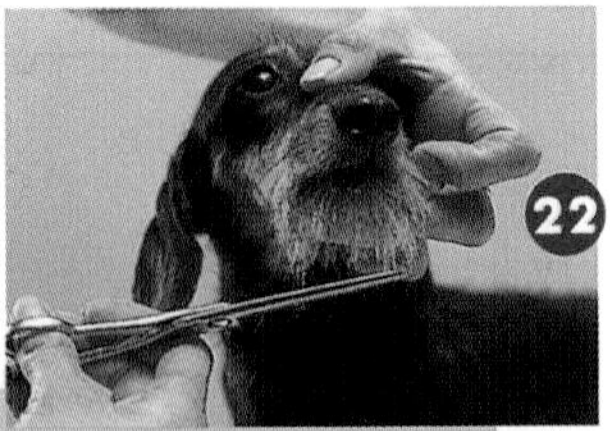

最後再把鬍鬚修整齊，全身再梳一次毛即可。

完成

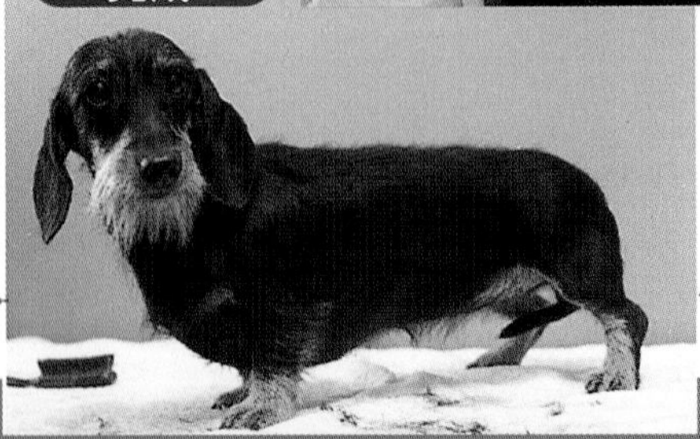

軟毛剛毛種的理毛法

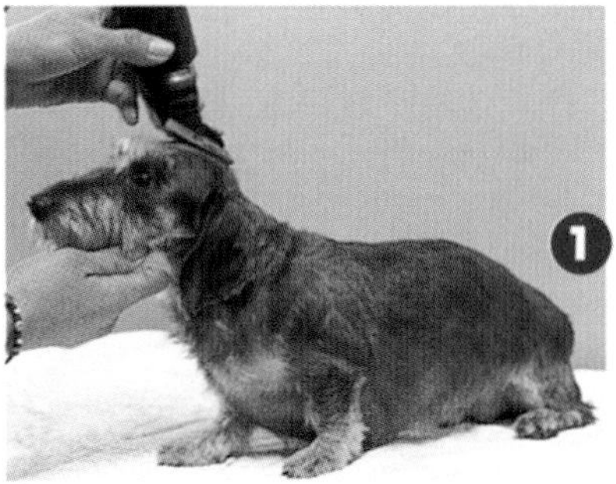

雖是剛毛種但長有軟長毛的狗狗，除了臉部周圍，全身用電剪（理髮推剪）理毛。

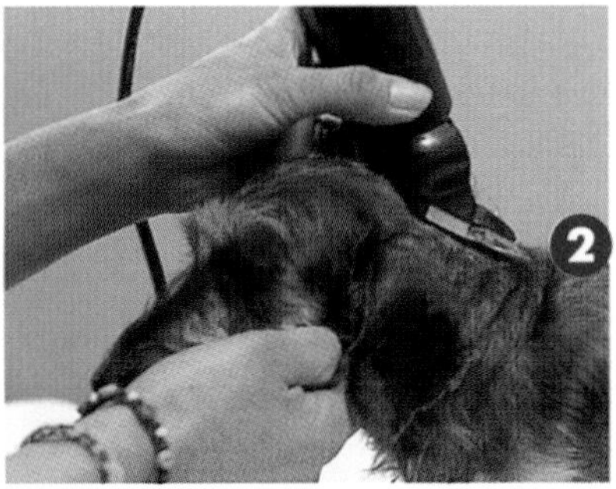

用電剪從頭部理向脖子四周，小心別傷到皮膚。

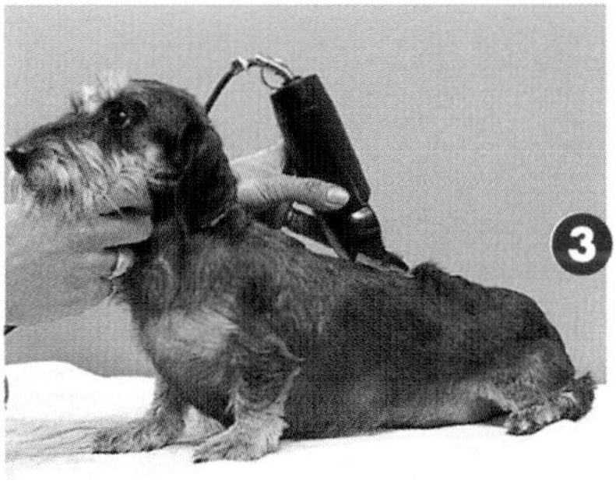

沿著毛海生長方向剪背部的毛，身體不平的地方用手幫忙壓著比較好剪。

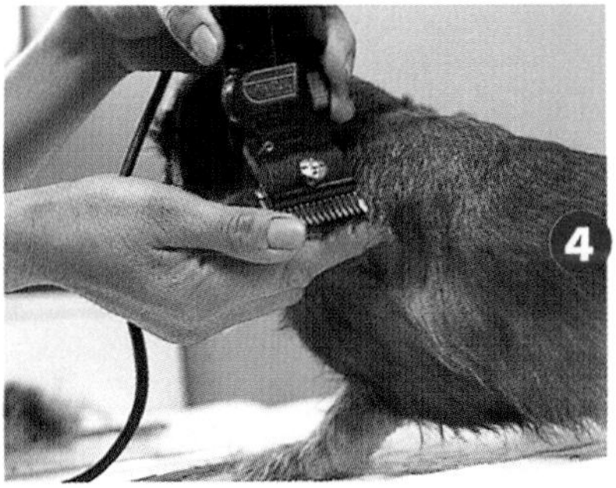

從肩膀到腳都要剪乾淨，耳朵或腋下等部位要小心修剪。

電剪的拿法

錯誤示範

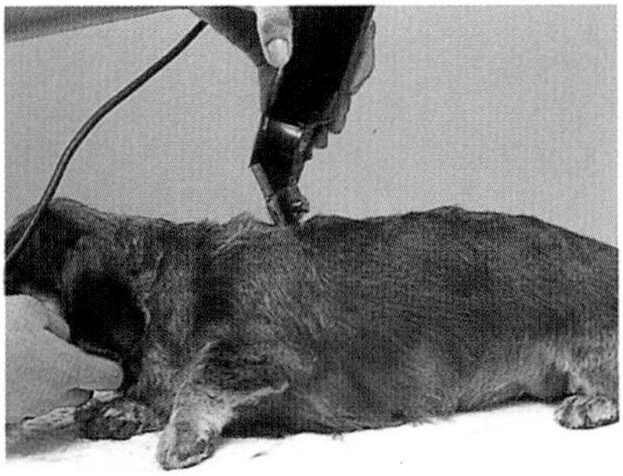

刀片不可以和狗狗的皮膚成垂直；皮膚柔軟處或身體不平等部位要特別小心。

正確示範

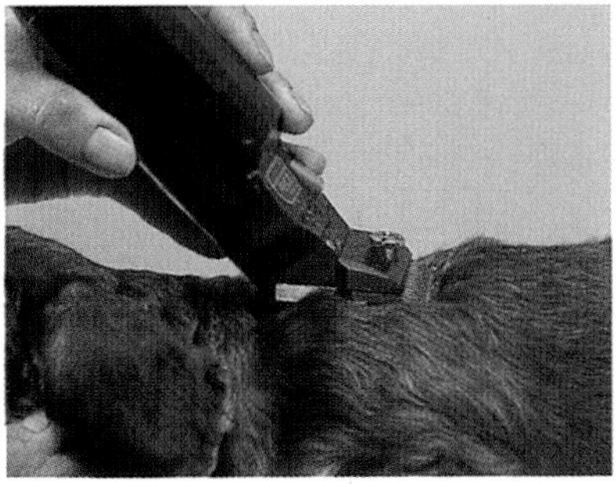

電剪的刀片與狗狗的身體平行，才不會刮傷狗狗的皮膚。

如果你希望狗狗生小狗……

了解狗狗的生理現象

如果你希望家裡的母狗，也能生下優良品種的幼犬，一定要了解狗狗的生理現象。

母的臘腸狗大約出生七～八個月後，即進入第一次的發情期。爾後大概以六個月左右的週期，循環出現發情現象。

母狗在第一次的發情期雖然已經具有繁育能力，但事實上，牠在身心方面都未成熟，應該禁止交配。最好等到第二次發情期以後再進行交配。

發情的徵兆和適合交配的時期

母狗到了發情期，會出現許多徵兆；例如食慾增加、排尿次數增多、體毛變得更有光澤、情緒比較不穩等等。最明顯的是，外陰部會充血，漲爲平時的兩倍，分泌帶血的黏液，出血期持續兩週左右。

從發情日到第十一～十三天左右，母狗的出血顏色逐漸變淡；但這時期正好是母狗的排卵日，也是最容易受精交配的時候。如果沒注意到母狗的發情日，或者不易分辨時，可以帶去找獸醫檢查一下。

狗狗因個體的差異，成長期間的最初發情期略有不同；主人應該加以觀察紀錄，確實掌握狗狗的生理體質。

狗狗的生殖需要良好的規劃。

母狗發情的徵兆

為了讓下一代的幼犬擁有良好的資質，為狗狗交配繁殖時要相當謹慎。

狗狗生產所需的費用

內容		費用	備註
交配	交配費用(1 次)	6,000～20,000 元左右	委託繁殖場
	與認識的狗狗交配(酬金)	3,000 元左右或送幼犬	
妊娠	動物醫院檢查費(第 1 次)	800 元左右	
	動物醫院檢查費(第 2 次)	1,500 元左右	超音波檢查、食慾、體力、乳腺等等變化
生產	去動物醫院生產	5,000-10,000 元	產後的護理
生產之後	畜犬登錄費	1,300元(含晶片)	出生 90 天之後
	預防接種(第 1 次)	800 元左右	出生 55～60 天
	預防接種(第 2 次)	800 元(含萊姆症疫苗)	出生 90 天左右
	狂犬病預防注射	200 元	出生 3 個月以上

收費標準依各家動物醫院而有不同。

慎選交配對象 傳承優良資質

一般來說，狗狗交配通常是母狗這邊向公狗提出邀約；所以，在母狗進入發情期前，就要尋找可以交配的對象。像體型大小或毛種都具多樣性的臘腸狗，最好避免不同體型、不同毛種之間的交配行爲。

以下是關於毛色或色素在交配時必須避免的幾種情況：

雙色毛色互相交配；雙色和黑&黃褐色以外的毛色互相交配；淡色系的毛色互相交配；巧克力色毛色互相交配；眼、鼻、爪子、嘴唇、眼瞼或肉墊（腳底突出的肉塊）等等色素偏淡的犬種互相交配。

如果雙色毛色的狗狗彼此互相交配的話，很容易生出眼、耳、心臟或其他部位有缺陷的幼犬。像上述的毛色之交配，可能會生出眼睛的色素過亮，鼻子、爪子或其他部位的色素變淡等等的褪色傾向。

這種褪色傾向不僅會破壞臘腸狗特有的知性美感，也容易對骨質、體質或性格上造成不良影響，值得飼主留意。

交配前的準備和交配當日的注意事項

母狗找到交配對象後，飼主要留意牠的發情期和健康情形，讓狗狗於交配當日擁有最佳狀況。交配日期、次數、費用，或沒成功如何再交配等細節，都要事先跟對方商量。

母狗交配當日應該禁食，完成排尿及排便，清潔過外陰部周圍後，再帶去公狗家。

交配時間約十五～三十分鐘，飼主可從旁協助。

母狗懷孕時的注意事項

懷孕的徵兆為何？

當母狗成功地受精後，約自交配日起三～四週左右，就會出現懷孕的跡象。

例如，牠的食慾變差、對食物的口味改變了、不太喜歡動，甚至出現輕微的孕吐現象。

這時經過獸醫的觸診或透過超音波檢查，即可確認狗狗有沒有懷孕。

順便一提的是，母狗於交配後四週左右，有時會出現假性懷孕的徵兆，飼主要特別留意。

懷孕期約六十三天

母狗的懷孕期約爲九週，大概交配後六十三天左右即可生產。

從母狗懷孕的第四週開始，乳房逐漸鼓起；到了第六週，腹部的突起更加明顯，連外陰部也會腫脹，出現許多外觀上的變化。

等母狗懷孕七～八週，肚子越來越大，還可以用手摸到小狗的胎動呢！

母狗懷孕的徵兆

變得安靜不愛動　食量或口味出現變化

外陰部腫脹　乳房鼓起

母狗懷孕期間仍需要適度的活動，但要避免過度的運動，也要有均衡的飲食。

懷孕期的健康管理

懷孕期間的母狗格外脆弱，需要飼主細心的關心與照顧，更加留意牠的健康。

當然這時要避免快跑等激烈的運動，但是，爲了培養牠生產所需的體力，每天的散步還是必要的。

臘腸狗因爲四肢特別短，一旦懷孕，鼓起的肚子容易撞到樓梯等階梯，要特別注意。

在母狗懷孕期間，可用乾毛巾擦拭或以刷子刷毛完成身體的清潔工作。無論如何一定要幫牠洗澡的話，可選擇穩定的六～七週以後，但也不能太用力壓肚子喔！

在飲食方面，要多補充鈣質和維他命，直到生完兩個月左右爲止。

等第六週以後，把食物換成懷孕・授乳犬專用的狗糧，增加足夠的熱量。第七週以後，把份量增加兩成，分成三～四次餵食。

面對懷孕期間的母狗，更需要貼心的照顧。

如有異常請獸醫診治

確認母狗懷孕時，或在預產期的前一星期，都要請獸醫檢查一下。除此之外，在懷孕期間若出現任何異常，也要馬上聯絡獸醫，接受適當的診治。

母狗懷孕期間的注意事項

樓梯等階梯會傷到母狗腹部，要多加注意。

把食物轉為懷孕期狗狗專用的狗糧。

選擇狗狗身體穩定時幫牠洗澡。

嚴禁激烈的運動。

生產時的準備

產房的地點和環境

母狗瀕臨生產時，乳腺腫脹，外陰部的分泌物也會增多。這時的母狗顯得焦躁不安，頻頻用前腳抓地板或地毯，顯示動物築巢的本能反應。

在預產期之前的兩星期左右，飼主必須準備一個產房，讓母狗先在裡面睡覺；等牠習慣這裡，生產也會比較順利。

適合當作產房的環境必須是安靜、不能太亮、溫度差異少、沒有人出出入入且飼主眼睛所及的地方。

產箱的準備

放在產房裡的產箱是，母狗安心生完之後，可以在此哺育幼犬的地方。

產箱以可以容納兩隻成犬橫躺的大小爲宜。出入的門檻放低，裡面鋪上報紙或毛巾。

萬一是在寒冷的冬天生產，別忘了用暖氣爲幼犬保溫。

生產所需的用品

爲了讓母狗安心地生產，

產箱的準備

箱子裡鋪上報紙或毛巾。

將狗屋的屋頂拿掉就是現成的產箱。

狗狗出入的門檻放低。

以可以容納兩隻成犬橫躺的大小為宜。

事先備妥預產期所需的產箱或用品，確保隨時可和獸醫連絡上。

即將生可愛小狗狗的母狗。

也讓飼主不會在生產當天慌了手腳，所有的生產用品一定要事先準備。

像測量母狗體溫的溫度計、擦拭母狗或幼犬身體的毛巾、乾布、紗布、面紙、脫脂棉、手電筒、洗臉盆和開水。

還有處理臍帶用的棉線、剪刀、鑷子或夾子、消毒用的酒精。

同時需要準備乾淨的塑膠手套、報紙或塑膠袋，處理生產後的穢物。

其他像量幼犬體重的磅秤、紀錄幼犬性別、毛種、毛色、體重、出生日期等等的筆記本，也可以事先準備。

如果事先已知幼犬早產，或幼犬不喝母奶的話，可準備小奶瓶或幼犬專用奶水餵食。

生產所需的用品

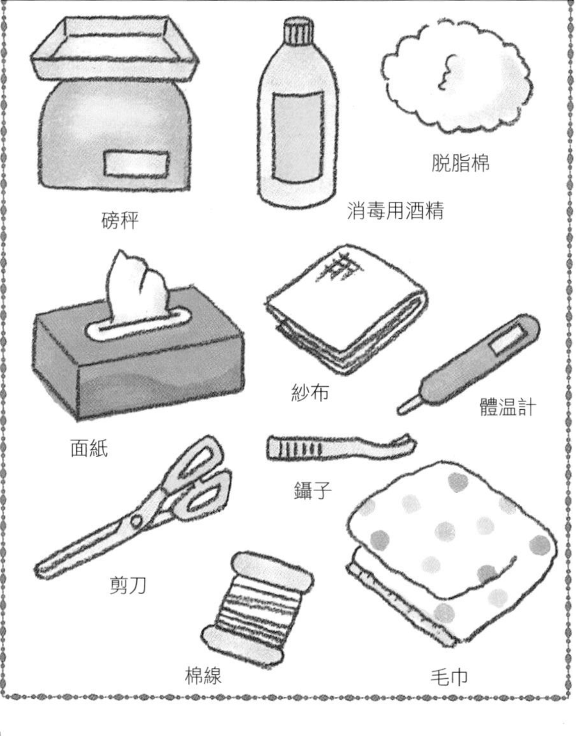

生產當天的注意事項

生產的徵兆與分娩

在預產期的前幾天，開始測量母狗的體溫；越接近產期，牠的體溫會從原來的三十八～三十八・五度降爲三十七度以下。

當陣痛間隔逐漸縮短，陣痛度越來越強時，母狗會經由更巨大的陣痛腹部施力，生下包裹羊膜的胎兒。

這時母狗會弄破胎兒的羊膜，咬斷臍帶，吃下羊膜或胎盤。然後不斷地舔幼犬的臉或身體，幫助幼犬正常呼吸，誘導牠吸吮乳汁。

助產方法和新生兒的處理

若母狗可以正常分娩，最好的辦法就是讓牠自己生產。萬一母狗無法自行妥善處理，必須幫牠助產。

這時要撕開羊膜取出幼犬，用紗布或毛巾擦乾身體；尤其是口鼻要趕快擦乾，讓幼犬順利呼吸。然後在距離肚子一～二公分處，用棉線綁住臍帶再剪斷；最後把牠抱到母狗那邊喝奶。

末了要紀錄幼犬的出生日期、性別、毛種、毛色和體

進入授乳期的母狗應該多吃營養豐富的食物。

母狗就要生產了。如果飼主事先準備妥當的話，根本不必擔心！

幫母狗生產的方法

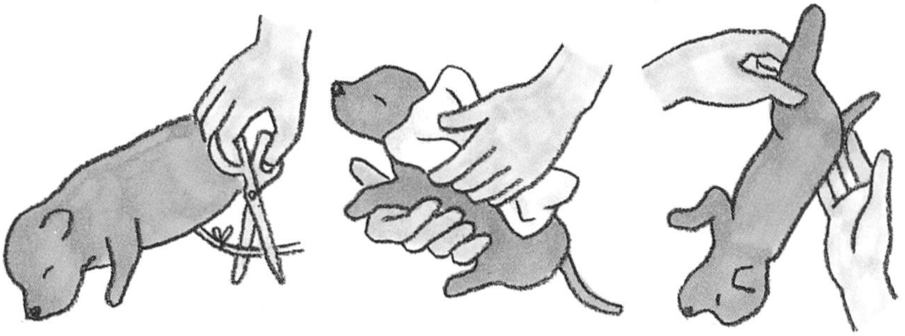

用棉線綁住臍帶，再用剪刀剪斷。

用毛巾擦拭口鼻幫助幼犬呼吸，並把頭和身體擦乾淨。

撕開羊膜，將幼犬倒過來，摩擦牠的背部。

重，也記得好好鼓勵辛苦的母狗喔！

出現異常時與獸醫聯絡

如果母狗可以正常地生下幼犬，那眞是一件令人高興的事。但是，生產過程也可能出現以下的狀況；例如，胎兒進入產道時，羊膜就已經破了、陣痛很劇烈但幼犬生不出來、胎兒過大擠在產道生不下來等等，非得飼主幫忙才能順利生產。

這時千萬不要過度壓迫母狗的肚子，以免造成子宮破裂的嚴重後果。應該馬上與經常就診的獸醫聯絡，遵照他的指示。

在母狗懷孕期間，飼主最好帶牠做一下檢查，事先和獸醫確認預產期，萬一出現突發狀況，可以立即和獸醫連絡比較放心。

生產後的照顧

生完之後，把母狗的屁股周圍擦乾淨，換掉弄髒的毛巾或報紙，保持產房的清潔。

要注意的是，剛生完的母狗情緒比較不穩，陌生人最好不要接近產房，以免發生意外。

發生難產或異常生產時怎麼辦？

為了預防母狗生產當天難產或出現異常生產等狀況，在生產前一週左右，帶去給經常就診的獸醫詳細檢查，確認胎兒的情況（如大小或胎數）。像胎兒過大、胎位不正、早期破水或胎盤剝離等等，都是生產常見的異常。情況危急時，應請獸醫協助，或直接帶去看獸醫比較安心。

值得注意的疾病

臘腸狗屬於身體健壯，比較不容易生病的犬種。但是，從體型或體質來看，他還是有比其他犬種容易得到的疾病。對任何犬種來説，都有各種可怕的傳染病要特別留意。以下介紹飼養臘腸狗的人應該注意的疾病。

臘腸狗常見的疾病

椎間板突出

不只是臘腸狗，其他體長腳短的犬種，都很容易發生這個疾病。

狗狗的脊椎構造如同人類，在構成頸椎、胸椎或腰椎的許多骨骼之間，都有擔任緩衝作用的椎間板軟骨組織。當椎間板突出或遭到破壞而壓迫神經時，會讓狗狗的後腳覺得麻痺。

這時狗狗因背部疼痛會不喜歡被人碰，等症狀越加嚴重，下半身搖搖晃晃，最後因爲麻痺而無法動彈。

肥胖、運動不足和運動過度都是最常引起這個疾病的原因。像臘腸狗的身體很長，一旦過度肥胖，會使脊椎負荷過重，椎間板當然就很容易脫離正常的位置。

除此之外，常常喜歡從高處往下跳、用後腳站立、在過滑的地板上活動，也是造成椎間板突出的原因。

目前很難完全治好狗狗的

臘腸狗特有的體型容易衍生一些疾病，要特別注意。

椎間板突出，但可藉助外科手術切除變形的骨頭。

肥胖引起的疾病

除了前面所說的椎間板突出外，肥胖還會引起各種毛病；例如，關節炎、心臟病、糖尿病、胰臟炎、肝炎等等。

飼主千萬不要因爲臘腸狗胃腸好，就給牠吃太多，以免導致過胖，應以八分飽爲宜。

此外，每天適度的運動量，也能消化過多的熱量。

如果覺得狗狗太胖了，可以利用市面上的減肥狗食以及運動幫牠減肥。

外耳炎

像臘腸狗這種透氣性不佳的垂耳狗，容易產生外耳炎。如外耳道耳垢積太多沒有清除，會感染細菌或長耳疥蟲，因而形成外耳炎。此外，洗澡時不慎讓污水跑進耳朵裡，也是外耳炎發生的原因。

外耳炎如能儘早發現，很快即可治癒；如果沒發現或治療不完全，轉爲慢性症狀的話，治起來就很費時，所以，一定要早期發現早期治療。

出現外耳炎的狗狗，常常會搔癢耳朵、搖頭、把頭傾向耳朵發炎的那一邊，不斷轉圈子，所以，飼主應該不難發現異狀。

雖說預防重於治療，萬一眞的出現外耳炎，可採用獸醫的建議處方或是使用具有殺菌功效的點耳劑、藥膏或服用抗生素。平常可用耳朵專用的清潔液或耳霜，定期清潔耳朵內部。

甲狀腺功能低下症

狗狗身體內部的甲狀腺、副腎皮質、腦下垂體、性腺等

等內分泌器官，會釋出各種微量的荷爾蒙於血液中。這些荷爾蒙支配了動物體毛生長的好壞，其量過多或過少，或者是失調的話，都會讓狗狗的體毛或皮膚出現問題。

所謂的甲狀腺功能低下症就是，甲狀腺荷爾蒙分泌不足所引發的疾病。這和其他的內分泌異常引起的皮膚病一樣，會使狗狗的皮毛失去光澤，腋下、頸部、腹部或尾巴等部位的毛容易脫落。而皮毛稀疏的部位，會因黑色素沉澱而泛黑，但不怎麼會癢。

甲狀腺荷爾蒙也具有使身體更加活躍的功能，一旦分泌量不足，在皮膚出現變化之前，狗狗就有倦怠無力、行動遲緩、嗜睡、畏寒的現象。此外，也有的狗狗出現食慾不振日益消瘦，或反而變胖的症狀。這些現象都可服用甲狀腺製劑加以改善。

膀胱結石

膀胱結石也是任何犬種都會出現，但好發於臘腸狗身上的疾病。若發現家裡的臘腸狗尿意頻頻，或者有血尿現象時，要懷疑是否爲膀胱結石。

一般的話，簡單的外科手術即可取出結石；但如果是很小的結石，也可以用飲食療法加以治療。

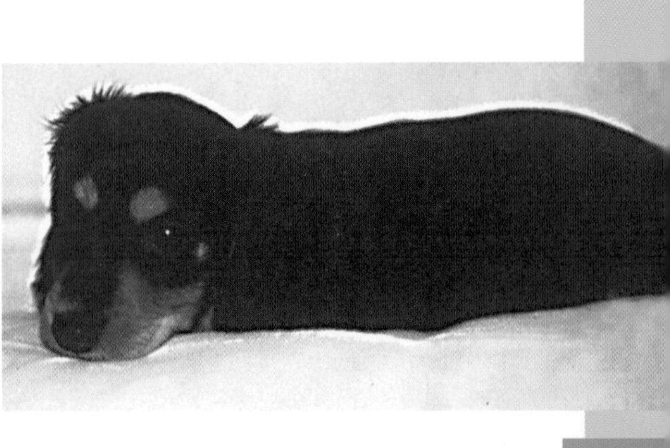

透過每天的親密接觸，確認狗狗的健康狀態。

帶狗狗預防接種可預防傳染病的發生。

各種傳染病

狂犬病

如果罹患狂犬病的病狗咬到其他的狗兒，病狗唾液中的病原體病毒會由傷口入侵，主攻狗兒的中樞神經，使牠全身痲痺，最後導致性格大變。

病狗在發病的三～四週內致死率幾乎是一○○%。由於目前尚未找到有效的治療方法，只能撲殺發病的狗狗，或爲防止傷及其他的狗狗，將牠嚴加隔離。

最可怕的是，這種疾病還會傳染給包括人類在內的哺乳類。因此，飼主有義務帶狗狗一年接種一次狂犬病疫苗。

台灣自從民國四十八年三月之後，就不再出現狂犬病的通報病例，可說已經是滅絕了；但在歐美或亞洲各國，還是有狂犬病的病例。尤其是除了狗狗外，連貓咪或鼠類等動物也會出現，千萬大意不得。

所以飼主一定要記得每年帶狗狗前往動物醫院注射狂犬病疫苗。

犬瘟熱（俗稱犬痲疹）

得到犬瘟熱之病狗的尿液、糞便、鼻涕或唾液等體液含許多病毒，一經接觸很容易就可以從嘴巴傳染給其他的狗兒。

狗兒感染後的一週內爲潛伏期；過了這個時間，狗狗會發高燒，然後短暫退燒後再度發燒。接著出現下痢、鼻涕或眼分泌物濃稠、呼吸困難、咳嗽、血便、脫水症狀，最後病毒入侵神經系統導致死亡。

雖說台灣政府沒有立法規定飼主須像狂犬病一樣，帶狗狗施打這類的疫苗；但原則上還是打一下比較放心。

像這類可依照飼主意願施打的疫苗，目前約可預防八種疾病。但是，疫苗的效果會因狗狗的體質、生長的環境或區

域而有不同。現在市面上已出現一次可預防二～八種疾病的混合疫苗，可向獸醫洽詢。

犬傳染性肝炎（腺病毒第一型）

經接觸病狗的尿液、糞便、鼻涕或唾液等體液後，裡面的病原體腺病毒第一型會經口傳染給其他的狗狗。

其潛伏期也是一週左右。初期症狀爲發燒、食慾不振、下痢、嘔吐；如和犬瘟熱等病毒性疾病合併的話，死亡率偏高。

此外，若是好發於幼犬或小狗突然出現症狀的劇症型，會突然造成身體衰微、吐血、血便，甚至在感染後的二十四～七十二小時內死亡。

犬肝炎爲經口傳染，非空氣傳染。但是曾罹患的狗狗治癒之後的一段時間，病毒仍會隨著尿液排出，健康的狗兒一舔到，就有可能被傳染，飼主要特別留意。

一發現狀況不對，馬上找獸醫診治。

病毒性腸炎

健康的狗兒若舔過病狗的尿液、糞便、嘔吐物或唾液，病毒這種病原體就會經口傳染。

由於這種病毒也會透過跳蚤傳染，所以它的傳染力和抵抗性都很強，甚至可在室溫下存活六個月以上，要特別注意。

症狀可分成腸炎型和心肌炎型。其中腸炎型過了二～五天的潛伏期後，狗狗出現劇烈嘔吐和下痢，接下來會血便，導致貧血或脫水之後，幼犬甚至會在一～二天內死亡。

而心肌炎型好發於幼犬，一出現呼吸困難甚至在三十分鐘內就會死亡。所以，不論是哪一型，一旦病發致死率都相當高。

讓狗狗注射死毒疫苗或活毒疫苗都有預防的效果。但是，爲了預防包括此病在內會經口傳染的傳染病，飼主平常就要好好教養狗狗，不要隨便舔食其他狗狗的排泄物。

犬鉤端螺旋體症

許多人類也會感染的人畜共通傳染病，之所以會由狗狗傳染給人類，往往是飼主口對口餵食食物給狗狗而引起，值

狗狗的健康管理是飼主的責任；平常應給狗狗更多的關愛。

得特別注意。

如果人畜經口接觸到染上此疾的狗狗、老鼠或人類的尿液，就會被傳染；除此之外，傷口也是一個傳染途徑。

此病的病原螺旋體可分成只感染給狗狗的類型，以及也會感染給人類的類型。前者一經感染，會持續下痢、嘔吐，最後因腎功能失調引起尿毒症死亡。

而狗狗感染第二類型的話，除了嘔吐和下痢，還有黃疸現象。如果是人類感染，會出現發燒、頭痛、肌肉痛、流鼻血、皮下出血、黃疸等症狀。和人比起來，狗狗的死亡率較高，應及早接受預防接種，同時清除居家週遭的鼠類。

犬心絲蟲

利用蚊子叮咬爲傳染途徑的犬心絲蟲，乃是長約十七～二十八公分的蟲體。這種心絲蟲寄生於狗狗的心臟或肺動脈，在血液中產下仔蟲；若蚊子吸了這種血，仔蟲進入蚊子體內生長。等蚊子再去叮其他的狗兒時，仔蟲移到狗兒身上慢慢變成成蟲，再寄生於心臟或肺部。

被心絲蟲寄生的狗狗常有咳嗽、貧血、腹水、脫毛、喘息的症狀，心臟、肺臟、肝臟或腎臟等器官也容易出現問題，引起死亡的例子也不少呢！

預防這種疾病不必施打疫苗，只要在蚊子多的季節，每個月吃一次預防藥即可；當然也不要帶狗狗去蚊子多的地方閒晃。尤其如果把狗狗養在室外，可以幫狗籠加裝紗窗，或使用狗狗專用蚊香驅蚊。除此之外，幫狗狗噴驅蟲劑也很有效。

狗狗的急救箱

和人類一樣，狗狗的疾病也應該早期發現早期治療。所以，飼主要詳實紀錄包括體重或體溫在內等，狗狗健康時候的狀態。除了準備一個急救箱，也要知道獸醫給的藥物要怎麼服用。

急救箱裡的物品

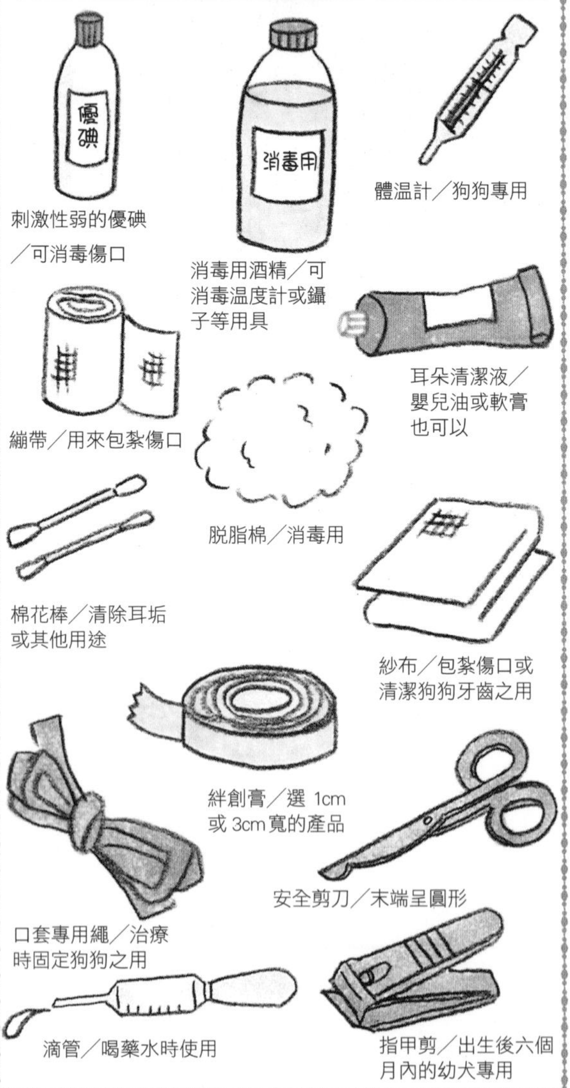

平日的觀察非常重要

飼主若能充分掌握狗狗健康時的食慾、排便、毛髮光澤或掉毛等等狀況的話，一出現異常馬上就會發現；所以，要事先準備一個狗狗專用的急救箱。

體重的量法

可將狗狗放在嬰兒用的磅秤，或抱著站在體重計上，再扣除人的體重即可。

臘腸狗本身的體質很容易

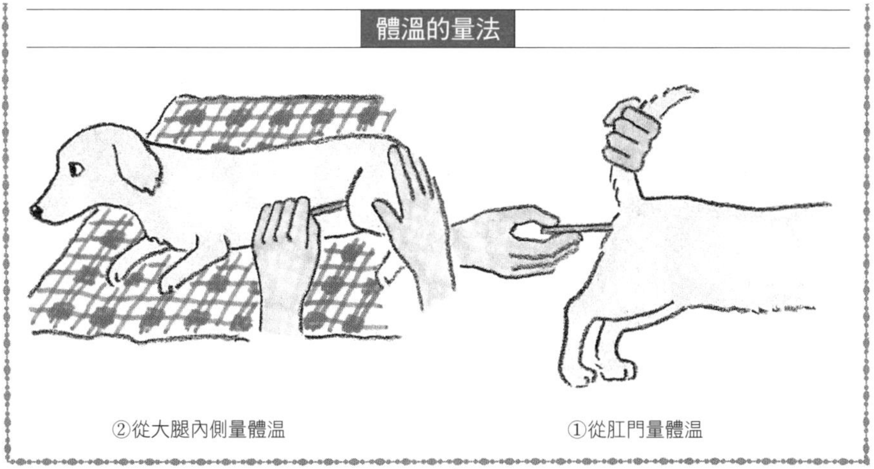

變胖，要留意讓牠維持在最佳的體重。

吃藥的方法

①如果是藥丸的話，一手抓著狗狗的上顎，以拇指和食指嵌住狗狗兩側犬齒的後面，打開牠的嘴巴。然後用另一手把藥丸放在舌頭後面，闔上牠的嘴巴，搓揉狗狗喉嚨讓牠吞下藥丸。②如果是藥水，把狗狗的臉朝上，從嘴角滴入藥水即可。③如果是藥粉的話，可塞入膠囊或用玻璃紙包好，如同藥丸般餵食；也可以先用水泡好，再用滴管餵食。

體溫的量法

①如從肛門量體溫，先用橄欖油或肥皂水潤滑體溫計，再插入肛門約三公分處。②若量大腿根部，用手輕輕壓住大腿方便測量。不過較不準確。

狗狗的旅行箱

現在可以接受狗狗和主人一起留宿的旅館或民宿越來越多了；你是否也想帶著心愛的臘腸狗一起去旅行呢？當然出發之前，一定要先確定旅館等住宿地點的相關規定，以免乘興而去敗興而回。

首先以愛犬為考量的重點

帶著心愛的狗狗一起去旅行，可以讓主人體驗到不同於只有「人」在旅行的感受；而對狗狗來說，應該也是一種前所未有的快樂經驗吧！

當你在選擇旅遊地點時，應該以狗狗為考量的重點，選擇一個可以讓牠一整天都解除牽繩的束縛，可以自由自在盡情奔跑的自然景點吧！

旅遊行程也該顧及狗狗的狀況，避免長時間舟車勞頓，讓狗狗也可以充分地休息。

萬一狗狗的身體在出發前出了狀況，應該毅然中止這次的行程。像出生三個月左右的幼犬、欠缺體力的老犬、懷孕中的母狗、接近發情期或正處於發情狀態的母狗，都不適合出外旅行。

旅行時要以狗狗的立場為優先考量的重點。

寵物旅館的利用方法

萬一主人需要出門，卻無法帶狗狗同行的話，可洽詢當地的寵物店或寵物旅館託付家裡的愛犬。如果旅館沒有獸醫駐診，可將常去的動物醫院之地址和電話留下來，以備不時之需。順便連旅遊住宿地的電話或其他緊急聯絡電話，也要留給旅館方便聯繫。

除此之外，要告訴旅館方面狗狗的飲食內容。長期旅行的話，也要不時打電話給旅館了解愛犬的狀況。

預約住宿地和該準備的物品

像臘腸狗這種小型犬，一般的寵物旅館或民宿都不會排斥；不過要趁早預約，並且確認狗狗能否帶進室內、要不要自己準備狗籠或食物等等。

帶愛犬去旅行，除了左邊插圖中的必需品外，還要在頸圈記上飼主的姓氏、地址、電話和投宿旅館的電話，以免狗狗走失。事前的預防接種工作與晶片記錄當然不能省略。

開車旅行的注意事項

若要驅車前往旅遊地點，必須確認狗狗已經習慣搭車。所以，平常有機會的話，可以開車讓狗狗坐一段時間，讓牠習慣車子的震動或引擎的吵雜聲。

儘管如此，有些狗狗碰上長途旅行還是會暈車。所以，出發前二～三小時餵食完畢、服用暈車藥等，都是防止狗狗暈車的好方法。除此之外，注意車內空氣的流通，每開兩小時要停下來休息，讓狗狗出去散散步。

臘腸狗因體型嬌小，絕對不可以把牠抱在大腿上開車。

快樂旅行所需的用品

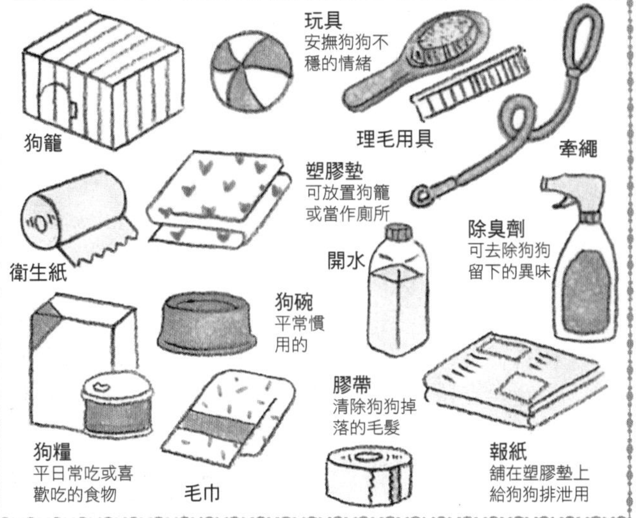

投宿旅館的注意事項

①如果旅館准許客人把狗狗帶進房間的話，可將塑膠墊舖在地上，當作牠活動的地點。狗碗也可以放在塑膠墊上，但別弄髒了地板。
②簡單的便器也可以放塑膠墊上；如果沒有準備，可舖數張報紙代替，弄髒了馬上更換。
③從外面進來時，一定要用濕毛巾擦拭狗狗的腳。
④飼主要去餐廳用餐時，狗狗必須關進籠子，給牠玩具，讓牠乖乖待在房裡。所以，平常就要訓練牠不可以隨便亂吠。
⑤搭電梯或走在大廳等公共場所，一定要把狗狗抱在身上。
⑥浴室或床上是狗狗嚴格禁入的地方。
⑦準備退房時，先用膠帶清除房間內的狗毛，再噴上除臭劑，去除狗狗留下的異味。

犬展

所謂的犬展並不是讓主人展示自家的狗狗，表現自我之虛榮心的聚會；而是基於適當的審查制度，讓狗狗互相交流；有機會的話不妨帶狗狗見識見識。

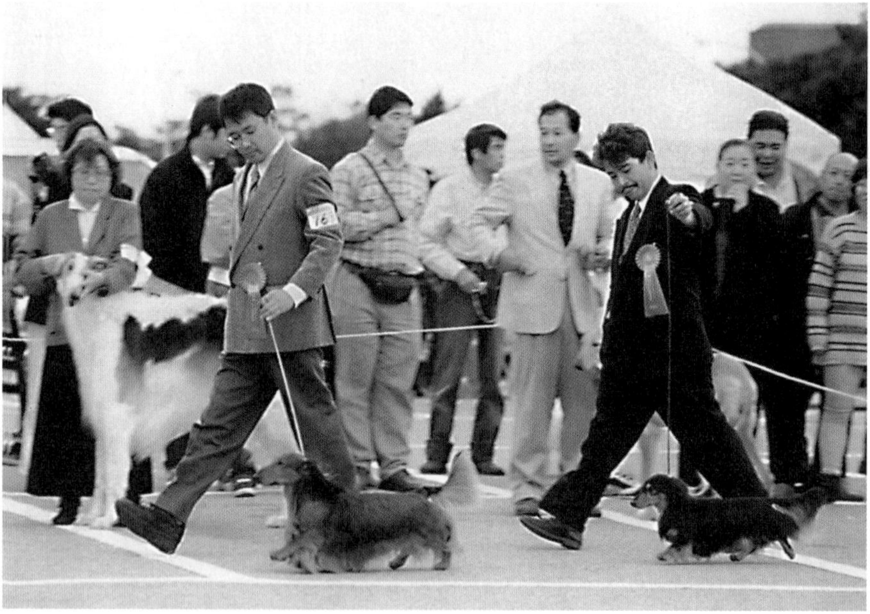

犬展始於英國，爾後流傳於世界各地。

何謂犬展？

犬展的目的是爲了讓大衆了解純血統犬隻的優異性，進而加以推廣並提昇各犬種的質感。

犬展可大致分爲只有一種犬種的單犬種展，以及聚集所有犬種的全犬種展。其審查制度也不盡相同，在此以臘腸狗登錄隻數高居日本首位的育犬協會（JKC）所舉辦，以所有公認的犬種爲對象之FCI國際犬展爲例加以說明。

登上最優秀犬（BIS）的寶座

比賽的過程是，先將參賽的臘腸狗依同一犬種，按照體型分成兩組，按照毛種分成三組進行初賽，再從各自的組別中各選出一隻公的和母的 Best Of Breed（BOB）。

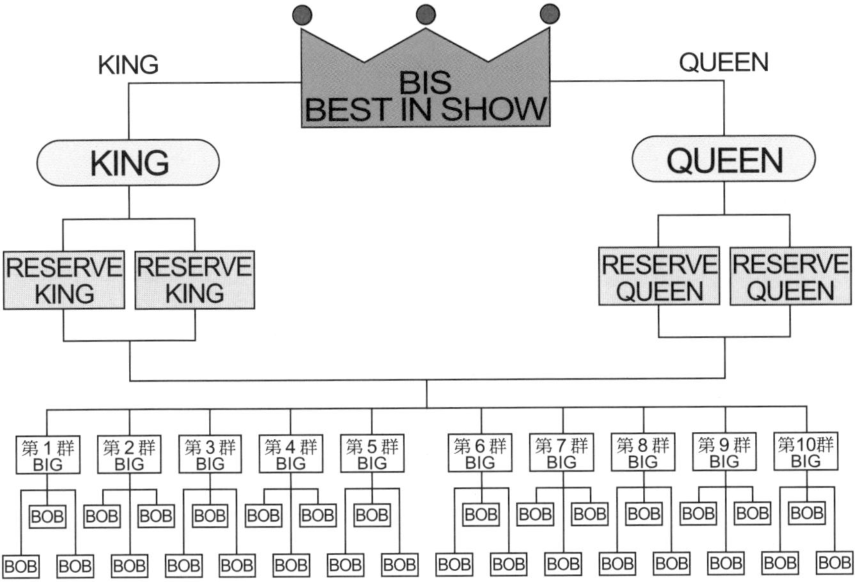

接下來，再和與自己同群（GROUP）的其他犬種之BOB競賽，爭奪Best In GROUP（BIG）。不過，因爲臘腸狗是單一犬種形成一個GROUP，各組別BOB中的最優秀犬即可成爲BIG。這個BIG再與其他GROUP中的BIG們比賽，獲勝的話即成爲同性別犬中的冠軍；亦即公狗的話叫KING，母狗則稱爲QUEEN。

最後，KING和QUEEN進入決賽，選出最優秀犬Best In Show（BIS）。

個體審查和團體審查

所謂的個體審查就是，讓參賽的狗狗自然地站在審查台上，審查員從前後或旁邊觀察，或用手觸摸牠的骨架、肌肉、體毛、牙齒咬合等等狀況。審查員還會要求飼主牽著狗狗走一走，進行走路樣態審查。接下來再和其他的狗狗排成一列行走，進行團體審查。

如何讓狗狗參加犬展？

只要你所飼養的臘腸狗擁有犬展所要求的優異特質，屬於所謂的展示類型的話，即可參加狗狗犬籍所登錄的畜犬團體舉辦的犬展。

當然，前提是飼主本身必須是入會的會員。至於入會的方法可以參考一四二頁的說明。

加入的會員每個月都會收到會報，上面詳細刊載了近期即將舉行的犬展；如果想參加哪一場犬展，可向主辦單位索取參賽申請書。

收到申請書之後，塡妥必要的事項，附上參賽的費用一起寄給主辦單位即可。在比賽當日抵達會場報到後，即可得知狗狗出場的順序與審查的組別。

若自己想當狗狗之「指導手」的話

當狗狗出場比賽時，需要有一個「指導手」用牽繩牽著牠走，或指導牠如何移動方便審查員評分。

如果飼主想請職業「指導手」的話，從比賽之前就要開始訓練狗狗，讓牠在比賽當天維持在最佳的狀態；不過，飼主也可以親自下場當「指導手」。

當然要成爲「指導手」還需要多方努力；你可以利用桌子訓練狗狗靜靜地坐著——配合個體審查；或者是好好研究牽繩要怎麼牽，才能讓狗狗走起路來神氣十足——配合走路樣態審查。

審查基準的6大重點

1 類型

審查員依照犬種標準所制定的，此犬種特有的體型或氣質等等，仔細檢查狗狗具備了多少的條件。

2 完美度

從精神層面與肉體層面，全面性地觀察狗狗的健康狀態。通常審查員會摸摸狗狗進行接觸審查；這時若狗狗感到畏怯或加以攻擊，或者是骨架或肌肉發育不佳，都會被扣分。

3 品質

每一犬種都有自己的特色，審查員會檢查狗狗是否充分具備該有的質感與魅力。

4 平衡感

即使有某部分特別突出，如果整體發展缺乏協調性，狗狗還是會被扣分。不管是肉體、性格或行動力，都應該重視。

5 狀態

主要檢查狗狗當天的健康狀態。當然最佳的狀態取決於平日適度的運動、均衡的飲食與細心的整飾體毛。

6 展示技巧

在比賽當天，狗狗和牽著自己出場展示者的風度，也會影響審查員的評分。

和愛犬保有良好的信賴關係，才能培育優良的犬種。

除此之外，平日的飲食、運動或體毛的照顧保養，都是十分重要的環節。雖說做起來不簡單，但是值得試一試。

光是去觀摩 也值回票價

即使你不想讓自己的臘腸狗出賽，光是帶著牠實地觀摩犬展，也足以令人興奮好幾天呢！

在犬展現場，你可以觀察許許多多進入初賽的臘腸狗，所具有的不同特色爲牠們打個分數。然後比較看看審查結果和自己的評比差多少，就可以了解一隻優秀的臘腸狗，應該具備甚麼樣的特質。

自己想要成爲「指導手」帶愛犬出場的人，從現在開始還要做許多的努力。在會場你可以觀察那些「指導手」，以何種方式和狗狗溝通；進行審查時，要如何牽引著狗狗表現最好的一面，這些都是參觀犬展的重大收穫呢！

參加犬展是一個很好的觀摩機會。

入會、登錄、血統證明書的申請

如果你已經買回了臘腸狗，要儘快辦理新所有者的登錄以及名義變更。愛犬的血統證明書會詳細記載有關你家之臘腸狗的許多重要事項，一定要妥善保管。

登錄及名義變更

不論是買回臘腸狗或其他的純血統犬隻，首先一定要完成新所有者的登錄及名義變更手續。

買回狗狗後取得的血統證明書上之所有者欄位，還是記載前一位所有者（如繁殖者等等）的名字。你必須將這裡變更爲自己的名字，這稱爲名義變更。

一般來說，血統證明書的右端會附上名義變更申請，其中的轉讓者欄位應該記載前一位所有者的簽名及蓋章。你可以在讓受者記入欄登記必要事項，加上簽名及蓋章後，連同申請的手續費寄給發行此血統書的畜犬登錄團體。

登錄團體收到血統證明書之後，會在犬籍簿記上你這位新所有者的名字，再把完成名義變更的血統證明書寄回。

當然爲了做名義變更，你必須加入這個登錄團體，成爲它的會員；入會的手續與名義變更的申請可以一起處理。

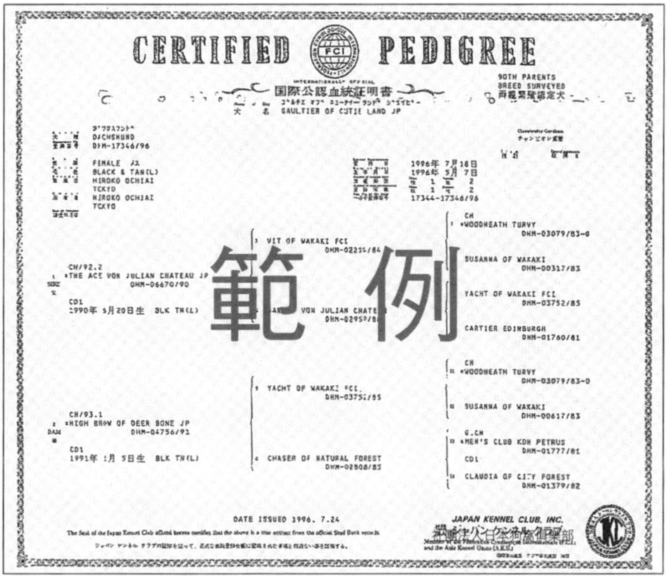

CERTIFIED PEDIGREE

INTERNATIONALLY OFFICIAL
国際公認血統証明書

BOTH PARENTS BREED SURVEYED
両親繁殖認定犬

GAULTIER OF CUTIE LAND JP

DACHSHUND
DHM-17346/96
FEMALE メス
BLACK & TAN(L)
HIROKO OCHIAI
TOKYO
HIROKO OCHIAI
TOKYO

1996年 7月18日
1996年 5月 7日
17344-17346/96

CH/92.2
THE ACE VON JULIAN CHATEAU JP
DHM-06670/90
CD1
1990年 5月20日生 BLK TN(L)

VIT OF WAKAKI FCI
DHM-02215/84

VON JULIAN CHATE...
DHM-02952/8...

CH
WOODHEATH TURVY
DHM-03079/83-0
SUSANNA OF WAKAKI
DHM-00317/83
YACHT OF WAKAKI FCI
DHM-03752/85
CARTIER EDINBURGH
DHM-01760/81

CH/93.1
HIGH BROW OF DEER BONE JP
DHM-04756/91
CD1
1991年 1月 5日生 BLK TN(L)

YACHT OF WAKAKI FCI
DHM-03752/85
CHASER OF NATURAL FOREST
DHM-02508/85

CH
WOODHEATH TURVY
DHM-03079/83-0
SUSANNA OF WAKAKI
DHM-00617/83
G.CH
MEN'S CLUB KOH PETRUS
DHM-01777/81
CD1
CLAUDIA OF CITY FOREST
DHM-01379/82

範例

DATE ISSUED 1996. 7.24

JAPAN KENNEL CLUB, INC.
社團法人日本畜犬協會（JKC）

社團法人日本畜犬協會（JKC）的血統證明書（1988年1月之後變更格式）。家裡的狗狗若是純血統的話，可向狗狗犬籍所登錄的團體提出申請。

登錄團體的入會方法

入會的方法依各個登錄團體而有不同；以臘腸狗的登錄隻數高居日本第一的「日本育犬協會」（JKC）爲例，只要在入會申請書寫下必要事項再蓋章，連同入會費和年費一同呈送即可。JKC臘腸狗俱樂部在日本全國共有十七個據點，可向任一據點提出申請。

一旦成爲正式會員後，總部會發給會員證和徽章，每個月會收到專屬的會報，上面會刊載許多有關犬展、訓練比賽、狗狗裝扮競賽等等訊息。

血統證明書上記載的事

一般而言，血統證明書上會記載愛犬的犬名（不是暱稱，而是繁殖者所登錄的名字）、登錄日期、生辰年月日、犬種名、登錄番號、性別、毛色、繁殖者名、所有者名、轉讓日期、有無訓練資格等等有關狗狗的身家資料。其他大的空白欄則記載此犬之父母、祖父母等等至少三代十四隻祖先犬的名字，或者是牠們參賽的冠軍資歷。

這些資歷會以特定縮寫記載於犬名的左側。像JKC血統證明書的話，CH表示JKC的冠軍登錄犬；AM表示美國的冠軍登錄犬；ENG表示英國的冠軍登錄犬。

祖先爲冠軍登錄犬，並不表示這隻狗狗一定比較優秀；不過，優秀的狗狗的確承襲了優良的血統。

再者，從狗狗的祖先可以得知遺傳的傾向，這在交配狗狗的篩選上又有相當大的幫助。

國家圖書館出版品預行編目資料

臘腸狗教養小百科 / 渥美雅子監修：中島真理
攝影；高淑珍譯.　--　初版.　--　臺北縣新
店市：世茂，　2003 [民 92]
面；　公分.　--（寵物館；4）

ISBN 957-776-522-X（平裝）

1. 犬 - 飼養　2. 犬 - 訓練　3. 犬 - 疾病與防治

437.66　　　　92011687

寵物館 04

臘腸狗教養小百科

監　　修：渥美雅子
攝　　影：中島真理
審　　訂：朱建光
譯　　者：高淑珍
封面攝影：王佩賢
主　　編：羅煥耿
責任編輯：王佩賢
編　　輯：黃敏華、陳弘毅
美術編輯：林逸敏、鍾愛蕾
發 行 人：簡玉芬
出 版 者：世茂出版有限公司
登 記 證：局版臺省業字第 564 號
地　　址：（231）新北市新店區民生路 19 號 5 樓
電　　話：(02)22183277
傳　　真：(02)22183239（訂書專線）
　　　　　(02)22187539
劃撥帳號：19911841
戶　　名：世茂出版有限公司　單次郵購總金額未滿 500 元（含），請加 50 元掛號費
酷 書 網：www.coolbooks.com.tw
電腦排版：龍虎電腦排版公司
印 刷 廠：祥新印製企業有限公司
初版一刷：2003 年 8 月
　　八刷：2012 年 2 月

定　　價：200 元